计算机系列教材

王朝晖 黄蔚 编著

C语言程序设计学习与实验指导
（第3版）

清华大学出版社

北京

内 容 简 介

本书以 C 语言程序设计为蓝本阐述了计算机程序设计的方法。全书共 13 章,每章内容包括知识要点归纳、例题分析与解答、测试题三部分。本书最后的附录部分给出测试题目的参考答案、全国及江苏省计算机二级考试 C 语言的考试大纲、考试试卷和参考答案。

本书可作为高等院校 C 语言程序设计课程的配套实验教材,也可作为相关教师和学生的参考用书。

图书在版编目(CIP)数据

C 语言程序设计学习与实验指导/王朝晖,黄蔚编著. —3 版. —北京:清华大学出版社,2016(2018.1重印)
计算机系列教材
ISBN 978-7-302-42972-2

Ⅰ. ①C…　Ⅱ. ①王…　②黄…　Ⅲ. ①C 语言－程序设计－高等学校－教学参考资料　Ⅳ. ①TP312

中国版本图书馆 CIP 数据核字(2016)第 030538 号

责任编辑:刘向威　薛　阳
封面设计:常雪影
责任校对:白　蕾
责任印制:刘海龙

出版发行:清华大学出版社
　　　网　　址:http://www.tup.com.cn,http://www.wqbook.com
　　　地　　址:北京清华大学学研大厦 A 座　　　　　邮　编:100084
　　　社 总 机:010-62770175　　　　　　　　　　　邮　购:010-62786544
　　　投稿与读者服务:010-62776969,c-service@tup.tsinghua.edu.cn
　　　质量反馈:010-62772015,zhiliang@tup.tsinghua.edu.cn
　　　课件下载:http://www.tup.com.cn,010-62795954
印 装 者:北京密云胶印厂
经　　销:全国新华书店
开　　本:185mm×260mm　　　印　张:13.5　　　　字　数:326 千字
版　　次:2011 年 2 月第 1 版　2016 年 6 月第 3 版　印　次:2018 年 1 月第 4 次印刷
印　　数:4001～6000
定　　价:29.00 元

产品编号:068773-01

C 语言是国内外广泛使用的计算机程序设计语言,其功能强、可移植性好,既具有高级语言的优点,又具有低级语言的特点,特别适合编写系统软件。

C 语言不仅受到计算机专业人士的喜欢,也受到非计算机专业人士的青睐。许多高等院校在计算机专业和非计算机专业都开设了"C 语言程序设计"课程。全国的计算机等级考试、江苏省的计算机等级考试以及其他各省的计算机等级考试都把 C 语言列入了二级考试范围。为了帮助学生更快更好地掌握 C 语言程序设计的特点,理解和掌握常用的程序设计算法和思想,本书作者结合 20 年一线教学的实践经验,参照《全国计算机等级考试二级 C 语言程序设计大纲》和《江苏省高等学校非计算机专业学生计算机知识与应用能力等级考试大纲》规定的二级 C 语言考试要求编写了本书。

本书的最大特点是由易到难、循序渐进,列举了大量的典型题目,同时给出了详细的分析和解答。为了使读者能进一步自主进行强化训练,我们根据每一个 C 语言的知识点给出相应的练习题目,同时在附录中也给出了正确的参考答案,方便读者判断自己解题正确与否,提高学习效率。

全书共分 13 章。在每一章(除了第 13 章)知识要点部分都对相应的章节的重点内容进行了归纳和总结。在例题分析和解答部分列举了一些容易出错、具有一定难度的选择题和填空题,对其给予详尽的分析和解答。之后,为了强化和掌握本章的知识,给出了相关的测试题目和参考答案。在每章实验里,针对每个实验题目,都提出实验要求、给出算法提示,要求学生给出完整的代码;同时,根据问题需要,提出了相关的思考问题,帮助学生更加深刻透彻地理解该实验的知识要点。如果初学者能够认真做好本书中提供的每一个题目,那么就一定能够掌握 C 语言程序设计的基本要领和技巧,进而也就掌握了计算机程序设计的基本思想,通过国家和各省 C 语言程序设计二级考试也就更加顺利了。

本书在编写过程中得到了杨季文老师和张志强老师的大力支持和参与,他们提出了宝贵建议,在此表示衷心的感谢。本书在编写过程中还得到了黄蔚、吴谨、徐丽、周克兰、蒋银珍和钱毅湘等老师的大力帮助,在此也一并表示感谢!

尽管作者非常努力地试图把本书写得更加完美,但由于时间关系及作者本身能力有限,书中难免会有错误和不当之处,恩请读者批评指正,以便下次再版或印刷时修订。

编　者

2016 年 2 月于苏州大学

目录

第 1 章

C 语言导论

1.1 知识要点

1.1.1 程序设计语言概述

1. 程序设计语言的发展

1）机器语言

机器语言是直接用二进制代码指令表达的计算机语言,指令是用 0 和 1 组成的一串代码。用机器语言编写的程序可以被机器直接执行,但不直观,且难记、难理解、不易掌握。

2）汇编语言

汇编语言是用一些助记符号来代替机器语言中由 0 和 1 所组成的操作码,如 ADD, SUB 分别代表加、减等。用汇编语言编写的程序不能被机器直接执行,要翻译成机器语言程序才能执行。

汇编语言和机器语言都依 CPU 的不同而异,统称为面向机器的语言。

3）高级语言

高级语言接近于自然语言和数学语言,是不依赖任何机器的一种容易理解和掌握的语言。

用高级语言编写的程序称为“源程序”。源程序不能在计算机上直接运行,必须将其翻译成由 0 和 1 组成的二进制程序才能执行。翻译过程有两种方式:一种是翻译一句执行一句,称为“解释执行”方式,完成翻译工作的程序称为“解释程序”;另一种是全部翻译成二进制程序后再执行,称为“编译执行”,完成翻译工作的程序称为“编译程序”,编译后的二进制程序称为“目标程序”。

2. 结构化的程序设计方法

结构化的程序设计方法强调程序结构的规范化,一般采用顺序结构、分支结构和循环结构三种基本结构。结构化的程序设计可以总结为“自顶向下、逐步细化”和“模块化”的设计方法。

所谓“自顶向下,逐步细化”,是指先整体后局部的设计方法。即先求解问题的轮廓,然后再逐步求精,是先整体后细节,先抽象后具体的过程。

所谓“模块化”,是将一个大任务分成若干较小任务,即复杂问题简单化。每个小任务完成一定的功能,称为"功能模块"。各个功能模块组合在一起就解决了一个复杂的大问题。

1.1.2 C语言的特点

C语言是一种结构紧凑、使用方便、程序执行效率高的编程语言,它有 9 种控制语句、32 个关键字和 34 种运算符。C 语言的主要特点如下:

(1) 语言表达能力强。

(2) 语言简洁、紧凑,使用灵活,易于学习和使用。

(3) 数据类型丰富,具有很强的结构化控制性。

(4) 语言生成的代码质量高。

(5) 语法限制不严格,程序设计自由度大。

(6) 可移植性好。

C 语言的 32 个关键字如下:auto,break,case,char,const,continue,default,double,else,enum,extern,float,for,goto,int,long,register,return,short,signed,sizeof,do,if,static,struct,switch,typedef,union,unsigned,void,volatile,while。

1.1.3 C语言程序的构成

(1) C 语言的源程序是由函数构成的,每一个函数完成相对独立的功能,其中至少必须包括一个 main()函数。

(2) C 程序总是从 main()函数开始执行。

(3) C 语言规定每个语句以分号(;)结束,分号是语句组成不可缺少的部分。

(4) 程序的注释部分应括在/ * 与 * /之间,注释部分可以出现在程序的任何位置。

1.1.4 C源程序的编辑、编译、链接与执行

C 语言的源程序必须先由源文件经编译生成目标文件,再经过链接方可生成可执行的文件,如图 1-1 所示。

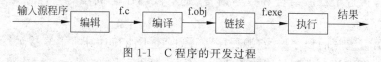

图 1-1 C 程序的开发过程

1.2 例题分析与解答

一、选择题

1. 以下叙述中正确的是_____。

　　A. 程序设计的任务就是编写程序代码并上机调试

　　B. 程序设计的任务就是确定所用数据结构

　　C. 程序设计的任务就是确定所用算法

　　D. 以上三种说法都不完整

分析:程序设计的任务是根据实际的需求,设计解决问题的算法和所用的数据结构,然后编写程序代码并上机调试,最终完成解决实际问题的计算机程序。

答案：D

2．C语言源程序名的后缀是_____。

    A．.exe   B．.c   C．.obj   D．.cpp

分析：C语言源程序的后缀是.c或.C；后缀为.exe的文件是可执行文件；后缀为.obj的文件是目标文件；C++源程序后缀为.cpp。

答案：B

3．以下叙述错误的是_____。

    A．C语言源程序经编译后生成后缀为.obj的目标程序

    B．C语言源程序经过编译、链接步骤之后才能生成一个真正可执行的二进制机器指令文件

    C．用C语言编写的程序称为源程序，它以ASCII码形式存放在一个文本文件中

    D．C语言中的每条可执行语句和非执行语句最终都将被转换成二进制的机器指令

分析：C语言源程序经过编译后生成.obj目标程序；C程序经过编译、链接后才能形成一个可执行的二进制机器指令文件；用C语言编写的程序称为源程序，它以ASCII码形式存放在一个文本文件中，如.c文件；C语言中的每条可执行语句将被转换成二进制的机器指令；非执行语句不能被转换成二进制的机器指令。

答案：D

4．一个C程序的执行是从_____。

    A．本程序的main()函数开始，本程序的main()函数结束

    B．本程序的第一个函数开始，本程序的最后一个函数结束

    C．本程序的main()函数开始，本程序的最后一个函数结束

    D．本程序的第一个函数开始，本程序的main()函数结束

分析：一个C程序总是从main()函数开始执行的，而不论main()函数在整个程序中的位置如何，main()函数可以放在程序的最前头，也可以放在程序最后，或在一些函数之前，在另一些函数之后。一个C程序的结束也是在本程序的main()函数中结束。

答案：A

5．以下叙述不正确的是_____。

    A．一个C源程序可由一个或多个函数组成

    B．一个C源程序必须包含一个main()函数

    C．C程序的基本组成单位是函数

    D．在C程序中，注释说明只能位于一条语句的后面

分析：在C语言中，/ * … * /表示注释部分，为便于理解，我们常用汉字表示注释，当然也可以用英语或拼音作为注释。注释是给人看的，对编译和运行不起作用。注释可以加在程序中的任何位置。

答案：D

6．C语言规定，在一个源程序中，main()函数的位置_____。

    A．必须在最开始   B．必须在系统调用的库函数的后面

    C．可以在任意位置   D．必须在最后

分析：一个C程序至少包含一个main()函数，也可以包含一个main()函数和若干个其他函数。main()函数可以在整个程序中的任意位置，可以放在程序的最前头，也可以放在程序最后，或在一些函数之前，在另一些函数之后。

答案：C

7. 一个C语言程序是由_____的。

    A. 一个主程序和若干子程序组成   B. 函数组成

    C. 若干过程组成   D. 若干子程序组成

分析：C程序是由函数构成的。一个C程序至少包含一个main()函数，也可以包含一个main()函数和若干个其他函数。因此，函数是C程序的基本单位。被调用的函数可以是系统提供的库函数(如printf和scanf函数)，也可以是用户根据需要自己编写的函数(自定义函数)。C的函数相当于其他语言中的子程序。

答案：B

二、填空题

1. 用高级语言编写的源程序必须通过_____程序翻译成二进制程序才能执行，这个二进制程序称为_____程序。

分析：用高级语言编写的源程序有两种执行方式。一是利用"解释程序"，翻译一条语句，执行一条语句，这种方式不会产生可以执行的二进制程序，例如BASIC语言；二是利用"编译程序"一次翻译形成可以执行的二进制程序，例如C语言。凡是编译后生成的可执行二进制程序都称为"目标程序"。

答案：编译   目标

2. C源程序的基本单位是_____。

分析：C程序是由函数构成的。一个C程序至少包含一个main()函数，也可以包含一个main()函数和若干个其他函数。因此，函数是C程序的基本单位。

答案：函数

3. 一个C源程序中至少应包括一个_____。

分析：一个C程序至少包含一个main()函数，也可以包含一个main()函数和若干个其他函数。

答案：main()函数

4. 在一个C源程序中，注释部分两侧的分界符分别为_____和_____。

分析：在C语言中，用/*和*/括起来的内容表示注释内容，为便于理解，我们常用汉字表示注释，当然也可以用英语或拼音作注释。注释是给人看的，对编译和运行不起作用。

答案：/*   */

5. 在C语言中，输入操作是由库函数_____完成的，输出操作是由库函数_____完成的。

分析：在C语言中输入源数据用格式输入函数scanf来完成，而输出数据由printf来负责。语法格式见教材说明。

答案：scanf printf

1.3 测试题

一、选择题

1. 以下叙述正确的是_____。

   A. 用 C 程序实现的算法必须要有输入和输出操作

   B. 用 C 程序实现的算法可以没有输出但必须要有输入

   C. 用 C 程序实现的算法可以没有输入但必须要有输出

   D. 用 C 程序实现的算法可以既没有输入也没有输出

2. 以下叙述错误的是_____。

   A. 算法正确的程序最终一定会结束

   B. 算法正确的程序可以有 0 个输出

   C. 算法正确的程序可以有 0 个输入

   D. 算法正确的程序对于相同的输入一定有相同的结果

3. 以下叙述正确的是_____。

   A. C 程序是由函数构成的

   B. C 程序是由过程构成的

   C. C 程序是由函数和过程构成

   D. 一个 C 程序可以有多个 main() 函数

4. 以下不是算法特点的是_____。

   A. 有穷性   B. 确定性

   C. 有效性   D. 有一个输入或多个输入

5. 表示一个算法,可以用不同的方法,不常用的有_____。

   A. 自然语言   B. 传统流程图

   C. 结构化流程图   D. ASCII 码

6. 以下不属于结构化程序设计特点的是_____。

   A. 自顶向下   B. 逐步细化

   C. 模块化设计   D. 使用无条件 goto 语句

二、填空题

1. 一个 C 程序是由一个主函数和若干_____组成的。

2. C 语言提供的合法关键字有_____个。

3. 在 C 语言程序中,主函数的名字是_____。

4. C 程序的编译过程一般分成 5 个步骤:编译预处理、_____、优化、汇编和链接。

5. 在 C 语言程序中,经常使用_____函数输入数据。

6. 在 C 语言程序中,经常使用_____函数输出结果。

7. 把高级语言源程序翻译成等价的机器语言程序的软件被称为翻译程序或_____。

8. 用户编写的程序可能存在的错误有 3 大类,分别是_____、逻辑错误和运行错误。

9. _____是用户编写的程序违背了 C 语言的语法规则,这些错误通常在程序编译、链接过程中可以发现。

三、编程题

1. 参照教材例题,编写一个 C 程序,输出信息:Very good!。
2. 编写程序,输入两个数,计算这两个数的和,并输出。

1.4　Visual C++ 6.0 使用简介

1.4.1　Visual C++ 的安装和启动

如果计算机未安装 Visual C++ 6.0,则须先安装 Visual C++ 6.0。Visual C++ 是 Visual Studio 的一部分,因此需要有 Visual Studio 的安装光盘,执行其中的 setup.exe,并按屏幕上的提示进行安装即可。

安装结束后,在 Windows 的"开始"菜单的"程序"子菜单中就会出现 Microsoft Visual Studio 子菜单。

在需要使用 Visual C++ 时,从桌面顺序选择"开始"→"程序"→Microsoft Visual Studio→Visual C++ 6.0 即可,此时屏幕就会出现 Visual C++ 6.0 的主窗口,如图 1-2 所示。

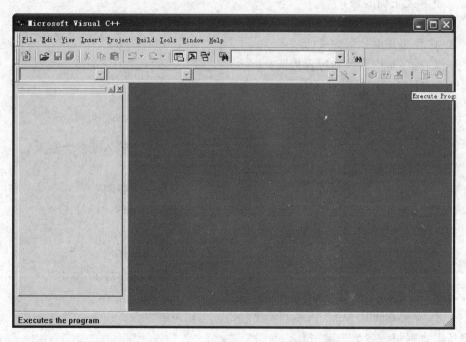

图 1-2　Visual C++ 6.0 的主窗口

也可以在桌面上建立 Visual C++ 6.0 的快捷方式图标,这样在使用 Visual C++ 6.0 时只需双击该快捷图标即可,此时屏幕上会弹出图 1-2 所示的 Visual C++ 的主窗口。

在 Visual C++ 的主窗口的顶部是 Visual C++ 的主菜单栏。其中包含 9 个菜单项。主窗口的左侧是项目工作区窗口,右侧是程序编辑窗口。工作区窗口用来显示所设定的工作区的信息,程序编辑窗口用来输入和编辑源程序。

1.4.2 输入和编辑源程序

本节首先介绍最简单的情况,即程序只由一个源程序文件组成,也就是单文件源程序的输入和编辑。其具体步骤如下。

1. 新建一个 C 源程序

(1) 在 Visual C++ 主菜单栏中单击 File(文件),然后在其下拉菜单中单击 New(新建),打开 New 对话框,如图 1-3 所示。

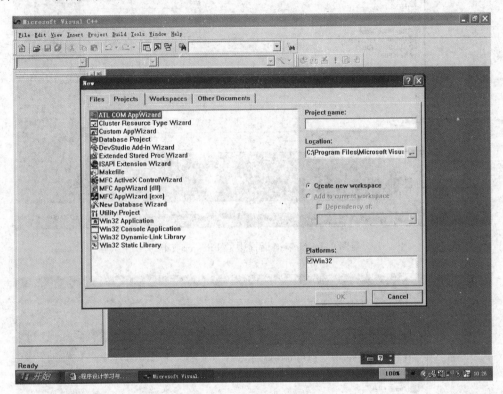

图 1-3 New 对话框

(2) 屏幕上出现一个 New(新建)对话框。打开此对话框中的 Files 选项卡,如图 1-4 所示,在其下拉菜单中有一个 C++ Source File 项,单击该项,即可建立新的 C++ 源程序文件。

如图 1-5 所示,在对话框的右侧有两行需要输入内容,一个是源程序的名字,另一个是源程序存储的位置。需要说明的是,Visual C++ 6.0 既可以用于处理 C++ 源程序,也可以用于处理 C 源程序。因此,如果输入时指定的文件名的后缀为 .c(如输入"例题 1.c"),表示是 C 语言源程序;如果不写后缀,系统会默认指定为 C++ 源程序文件,自动加上后缀 .cpp。

(3) 单击 OK 按钮后,回到 Visual C++ 主窗口。由于在前面已指定了文件的保存位置,即路径和文件名,因此在窗口的标题中能显示出路径和文件名,如图 1-6 所示。可以看到光标在程序编辑窗口闪烁,表示程序编辑窗口已激活,可以输入和编辑源程序了。

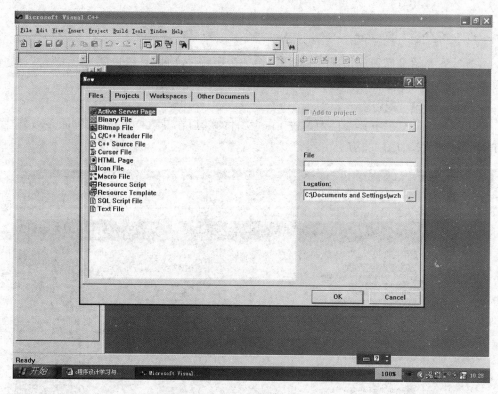

图 1-4 New 对话框中的 Files 选项卡

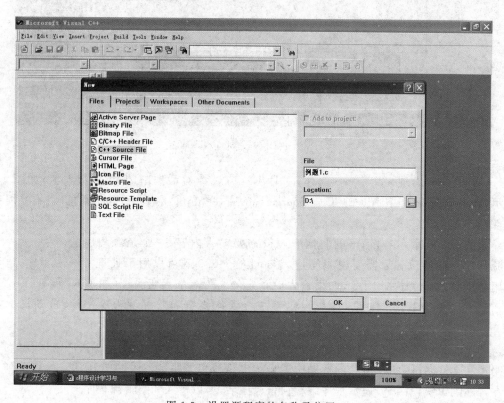

图 1-5 设置源程序的名称及位置

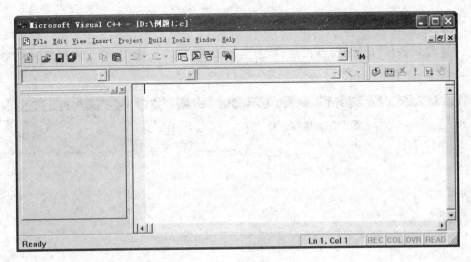

图 1-6　源文件输入窗口

1.4.3　打开一个已有的程序

打开一个已有的程序,有以下两种方法。

方法一:

(1) 在"我的电脑"中按路径找到已有的 C 程序文件。

(2) 双击此文件名,则自动进入 Visual C++集成环境,并打开该文件,程序显示在编辑窗口中,如图 1-7 所示。

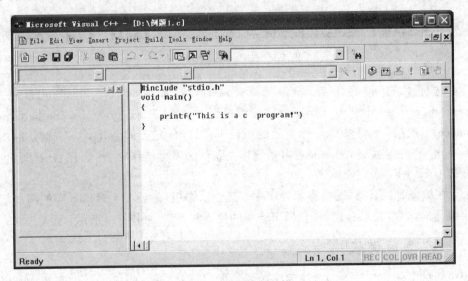

图 1-7　打开已有文件

方法二:

(1) 单击工具栏中的"打开"命令按钮。

(2) 在"打开"对话框中选择所需文件。

(3) 单击对话框中的"确定"按钮,程序显示在编辑窗口中。

1.4.4 程序的编译

（1）在编辑和保存了源文件以后，单击主菜单中的 Compile（编译），在其下拉菜单中选择 Compile 命令，如图 1-8 所示。

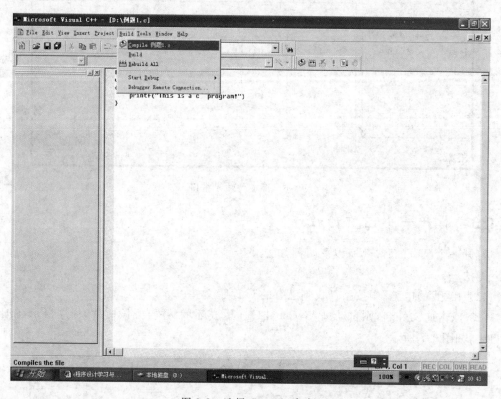

图 1-8　选择 Compile 命令

（2）选择 Compile 命令后，屏幕上出现一个对话框，内容是"This build command requires an active project workspace, Would you like to create a default project workspace?"（此编译命令要求一个有效的项目工作区，你是否同意建立一个默认的项目工作区），单击"Y（是）"按钮，表示同意由系统建立默认的项目工作区，然后开始编译。也可以用快捷键 Ctrl ＋F7 来完成编译。

（3）在编译时，编译系统检查源程序中有无语法错误，然后在主窗口下部的调试信息窗口输出编译的信息，如果有错，就会指出错误的位置和性质，如图 1-9 所示。

1.4.5 程序的调试

程序调试的任务是发现和改正程序中的错误，使程序能正常运行。编译系统能检查出程序中的语法错误。语法错误分为两类：一类是致命错误，以 error 表示，如果程序中有这类错误，就不能通过编译，无法形成目标程序，更谈不上运行了；另一类是轻微错误，以 warning（警告）表示，这类错误不影响生成目标程序和可执行程序，但有可能影响运行的结果，因此也应当改正，使程序既无 error，又无 warning。

在图 1-9 所示的调试信息窗口中可以看到编译的信息，指出源程序有 1 个 error(s) 和 0

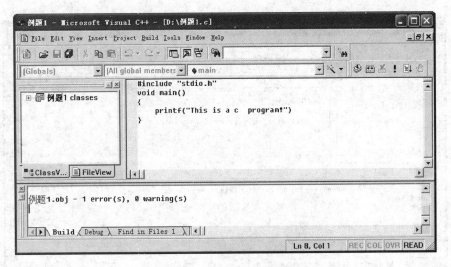

图 1-9　出错时的编译信息

个 warning(s)。单击调试信息窗口中右侧的向上箭头,可以看到出错的位置和性质,如图 1-10 所示,显示错误信息为"missing ';' before '}'"。仔细检查发现 printf 语句后少了一个";"号。

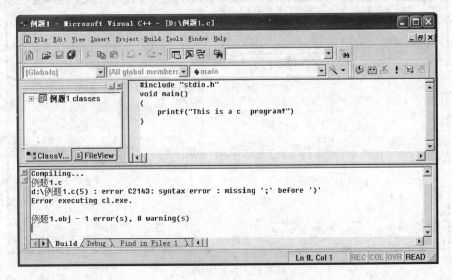

图 1-10　详细的调试信息

　　修改程序中的错误,在 printf 语句后添加";"号后再重新编译,得到目标程序"例题 1.obj",如图 1-11 所示。

1.4.6　程序的链接

　　在得到目标程序"例题 1.obj"后,就可以对该程序进行链接了。由于已生成了目标程序,编译系统据此确定在链接后应生成一个后缀为.exe 的可执行文件,即"例题 1.exe"。此时应选择 Build(构建)→Build 菜单命令,在完成链接后,在调试信息窗口中显示链接时的信息,则说明没有发现错误,并生成了一个可执行文件,如图 1-12 所示。

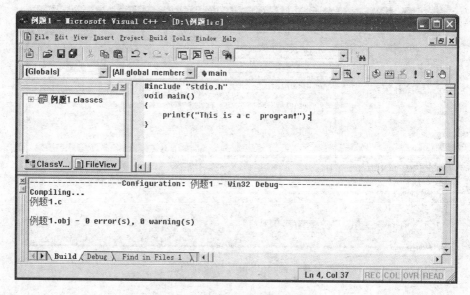

图 1-11   改错后编译通过

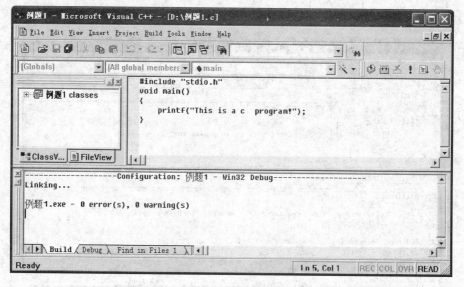

图 1-12   链接成功完成

提示：可以用 F7 快捷键一次性完成编译与链接操作。

1.4.7   程序的执行

在得到可执行文件后，就可以直接执行.exe 文件了。选择 Build→"!Execute"菜单命令，如图 1-13 所示。

选择 Execute 菜单命令后，即开始执行程序。也可以不通过选择菜单，而用快捷键 Ctrl＋F5 来实现程序的执行。程序执行后，屏幕切换到输出结果窗口，显示出运行结果，如图 1-14 所示。

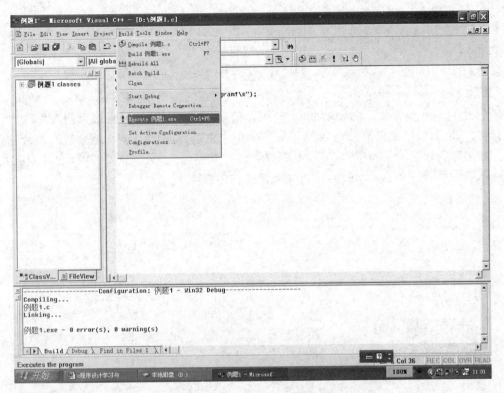

图 1-13　选择 Execute 菜单命令

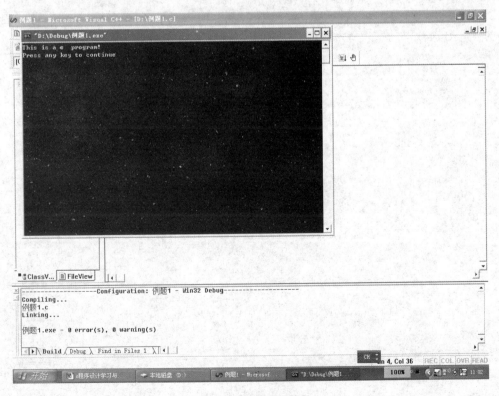

图 1-14　程序运行结果

可以看到,在输出结果窗口中的第 1 行是程序的输出:

This is a c program!

然后换行。

第 2 行 Press any key to continue 并非程序所指定的输出,而是 Visual C++ 在输出运行结果后由 Visual C++ 6.0 系统自动加上的一行信息,通知用户"按任意键以便继续"。当按下任何一键后,输出窗口消失,回到 Visual C++ 的主窗口,可以继续对源程序进行修改补充。

如果已完成对一个程序的操作,不再对它进行其他处理,应当选择 File(文件)→Close Workspace(关闭工作区)菜单命令,以结束对该程序的操作。

第 **2** 章

基本数据类型、运算符与表达式

2.1 知识要点

2.1.1 C 语言的数据类型

C 语言的数据类型如图 2-1 所示。

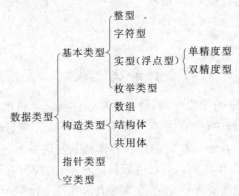

图 2-1　C 语言的数据类型

在 C 语言中,表达数据分别用常量和变量,它们都属于以上这些类型。在程序中对用到的所有变量都必须指定其数据类型。本章主要介绍基本数据类型。

2.1.2 常量与变量

1. 常量

在程序运行过程中,其值不能被改变的量称为常量。如 12,0,34 为整型常量,1.4,−2.3 为实型常量,'a', '1'为字符型常量,"china"为字符串常量。也可以用一个标识符代表一个常量,称为符号常量。整型常量有三种形式:十进制整型常量、八进制整型常量和十六进制整型常量。带前缀 0 的整型常量表示为八进制形式,前缀为 0x 或 0X 则表示十六进制形式。例如,十进制数 31 写成八进制形式为 037,写成十六进制形式为 0x1f 或 0X1F。

2. 变量

在程序运行过程中,其值可以改变的量称为变量。一个变量有一个名字,在内存中占据一定的存储单元。在该存储单元中存放变量的值。在 C 语言中,变量名只能由字母、数字和下划线三种字符组成,且第一个字符必须为字母或下划线,如 sum,_total,x1 等。注意,在变量的名字中出现的大写字母和小写字母被认为是两个不同的字符,所以 sum 和 SUM、a 和 A 分别是两个不同的变量名。

2.1.3　C 语言运算符

C 语言中数据的计算是由运算符实现的,C 语言的运算符有:

(1) 算术运算符: + - * / %

(2) 关系运算符: > < == <= >= !=

(3) 逻辑运算符: ! && | |

(4) 赋值运算符: =

(5) 条件运算符: ? :

(6) 逗号运算符: ,

(7) 指针运算符: * &

(8) 位运算符: << >> ~ | ^ &

(9) 求字节数运算符: sizeof

(10) 强制类型转换运算符: (类型)

(11) 分量运算符: . ->

(12) 下标运算符: [ ]

2.1.4　C 语言运算符的结合性和优先级

C 语言运算符是有一定的优先级的,使用中应该注意运算符的结合性:

(1) 在 C 语言的运算符中,所有的单目运算符、条件运算符、赋值运算符及其扩展运算符结合方向都是从右向左,其余运算符的结合方向是从左向右。

(2) 各类运算符的优先级比较:单目运算符>算术运算符(先乘除后加减)>关系运算符>逻辑运算符(不包括"!")>条件运算符>赋值运算符>逗号运算符。

说明:以上优先级别由左到右递减,算术运算符优先级最高,逗号运算符优先级最低。

2.1.5　C 语言表达式

用运算符和括号将运算对象(操作数)连接起来的、符合 C 语法规则的式子称为 C 语言表达式。运算对象包括常量、变量和函数等。例如,a * b/c+1.5(算术表达式)、a=a+2(赋值表达式)、3+5,7+8(逗号表达式)。

2.2　例题分析与解答

一、选择题

1. 在 C 语言中,5 种基本数据类型的存储空间长度的排列顺序一般为_____。

　　A. char<int<long int<=float<double

　　B. char=int<long int<=float<double

　　C. char<int<long int=float=double

　　D. char＝int＝long int＜＝float＜double

　　分析：char 在内存中一般占用 1 个字节，int 一般占用 2 个字节，long int 一般占用 4 个字节，float 一般至少占用 4 个字节，double 一般占用 8 个字节。

　　答案：A

2. 若 x,i,j 和 k 都是 int 型变量，则计算下面表达式后，x 的值为_____。

x = (i = 4,j = 16,k = 32)

　　A. 4　　　　　　　B. 16　　　　　　　C. 32　　　　　　　D. 52

　　分析：(i＝4，j＝16，k＝32)是逗号表达式，它的求解过程是：先求 i＝4 的值为 4，再求 j＝16 的值为 16，最后求 k＝32 的值为 32。整个表达式(i＝4，j＝16，k＝32)的值为表达式 k＝32 的值 32。

　　答案：C

3. 以下程序的输出结果是_____。

```
# include < stdio.h>
main( )
{
int i = 4,a;
    a = i++;
    printf("a = % d,i = % d",a,i);
}
```

　　　　A. a＝4,i＝4　　　　B. a＝5,i＝4　　　　C. a＝4,i＝5　　　　D. a＝5,i＝5

　　分析：本题考查的是自增运算符及赋值运算符的综合使用问题。自增运算符是一元运算符，其优化级比赋值运算符高，要先计算。把表达式 i＋＋的值赋予 a，由于 i＋＋的结果为当前 i 的值(当前 i 的值为 4)，所以 i＋＋的值为 4，得到 a 的值为 4。同时，计算了 i＋＋后，i 由 4 变为 5。

　　答案：C

4. 下述程序的输出结果是_____。

```
# include < stdio.h>
void main( )
{
  char a = 3,b = 6;
  char c = a^b<< 2;
  printf("\n% d",c);
}
```

　　　　A. 27　　　　　　　B. 10　　　　　　　C. 20　　　　　　　D. 28

　　分析：本例中的关键是位运算符的优先次序问题。因为"＜＜"运算符优先于"^"运算符，即 c＝a^(b＜＜2)＝3^(6＊4)＝3^24＝00000011^00011000＝27。

　　答案：A

5. 若变量已正确定义并赋值，符合 C 语言语法的表达式是_____。

　　　　A. a＝a＋7;　　　　　　　　　　　B. a＝7＋b＋c,a＋＋

　　　　C. int(12.3/4)　　　　　　　　　　D. a＝a＋7＝c＋b

　　分析：选项 A 中，"a＝a＋7；"赋值表达式的最后有一个分号"；"，C 语言规定，语句以分号结束，所以"a＝a＋7；"是一条赋值语句。选项 B 中，"a＝7＋b＋c,a＋＋"是一个逗号表达式，它由"a＝7＋b＋c"和"a＋＋"两个表达式组成，前者是一个赋值表达式，后者是一个自增 1 的赋值表达式，所以它是一个合法的表达式。选项 C 中，"int(12.3/4)"看似是一个强制类型转换表达式，但语法规定，类型名应当放在一对圆括号内才构成强制类型转换运算符，因此写成"(int)(12.3/4)"才是正确的。在使用强制类型转换运算符时，需要注意运算符的优先级，例如，"(int)(3.6 * 4)"和"(int)3.6 * 4"中因为"(int)"的优先级高于" * "运算符，因此它们将有不同的计算结果。选项 D 中，"a＝a＋7＝c＋b"看似是一个赋值表达式，但是在"a＋7＝c＋b"中，赋值号的左边是一个算术表达式"a＋7"。按规定，赋值号的左边应该是一个变量或一个代表某个存储单元的表达式，以便把赋值号的右边的值放在该存储单元中，因此赋值号的左边不可以是算术表达式，它不能代表内存中的任何一个存储单元。

　　答案：B

　　6. 若 a 为整型变量，则以下语句_____。

```
a = -2L;
printf("%d\n",a);
```

　　　A. 赋值不合法　　　B. 输出值为－2　　　C. 输出为不确定值　　D. 输出值为 2

　　分析：本题的关键是要清楚 C 语言中常量的表示方法和有关的赋值规则。在一个整型常量后面加一个字母 l 或 L，则认为是 long int 型常量。一个整型常量，如果其值在－32 768～＋32 767 范围内，可以赋给一个 int 型或 long int 型变量；但如果整型常量的值超出了上述范围，而在－2 147 483 648～2 147 483 647 范围内，则应将其赋值给一个 long int 型变量。本例中－2L 虽然为 long int 型常量，但其值为－2，因此可以通过类型转换把长整型转换为短整型，然后赋给 int 型变量 a，并按照"%d"格式输出该值。

　　答案：B

　　7. 若有说明语句：char c＝'\0'；则变量 c _____。

　　　A. 包含 1 个字符　　　　　　　　　　B. 包含 2 个字符

　　　C. 包含 3 个字符　　　　　　　　　　D. 说明不合法，c 的值不确定

　　分析：'\0'代表 ASCII 码为 0 的字符，从 ASCII 码表中可以查到，ASCII 码为 0 的字符不是一个可以显示的字符，而是一个"空操作符"，即它什么也不干。它是 C 语言中字符串的结束标识符，只起一个供辨别的标志的作用。

　　答案：A

　　8. 已知字符 A 的 ASCII 码值是 65，以下程序_____。

```
# include < stdio.h>
main( )
{char a = 'A';
    int b = 20;
    printf("%d,%o",(a=a+1,a+b,b),a+'a' - 'A',b );
}
```

　　　A. 表达式非法，输出 0 或不确定值

　　　B. 因输出项过多，无输出或输出不确定值

  C. 输出结果为 20,142

  D. 输出结果为 20,1541,20

  分析：首先注意到 printf( )函数有 3 个实参数,即(a＝a＋1,a＋b,b),a＋'a'－'A'和 b,并没有问题,可见选项 A 错误。由于格式控制符串"％d,％o"中有两个描述符项,而后面又有表达式,因此,必定会产生输出,选项 B 也是错误的。既然控制字符串中只有两个格式描述符,输出必然只有两个数据,故选项 D 错误。

  答案：C

  9. 对于条件表达式(M)？(a＋＋)：(a－－),其中的表达式 M 等价于＿＿＿＿＿＿＿。

  A. M＝＝0   B. M＝＝1   C. M！＝0   D. M！＝1

  分析：因为条件表达式 e1？e2：e3 的含义是 e1 为真时,其值等于表达式 e2 的值,否则为表达式 e3 的值。"为真"就是"不等于假",因此 M 等价于 M！＝0。

  答案：C

  10. 若 k 为 int 型变量,则以下语句＿＿＿＿＿＿＿。

```
k = 6789
printf("| % - 6d |",k);
```

  A. 输出格式描述不合法   B. 输出为|006789|

  C. 输出为|6789␣␣| D. 输出为|－6789|

  分析：输出格式符是"％－6d",含义是输出占 6 个位置,左边对齐,右边不满 6 个补空格,其他都原样输出。

  答案：C

  11. 在 x 值处于－2～2,4～8 时,值为"真",否则为"假"的表达式是＿＿＿＿＿＿＿。

  A.(2＞x＞－2)||(4＞x＞8)

  B. ！((((x＜－2)||(x＞2))&&((x＜4)||(x＞8))))

  C. (x＜2)&&(x＞＝－2)&&(x＞4)&&(x＜8)

  D. (x＞－2)&&(x＞4)||(x＜8)&&(x＜2)

  分析：首先要了解数学上的区间在 C 语言中的表示方法,如 x 在[a,b]区间,其含义是 x 既大于等于 a 又小于等于 b,相应的 C 语言表达式是"x＞＝a && x＜＝b"。本例中给出了两个区间,一个数只要属于其中一个区间就可以了,这是"逻辑或"的关系。在选项 A 中,区间的描述不正确。选项 B 把"！"去掉,剩下的表达式描述的是原问题中给定的两个区间之外的部分,加上"！"否定正好是题中的两个区间的部分,是正确的。选项 C 是恒假的,它的含义是 x 同时处于两个不同的区间内。选项 D 所表达的也不是题目中的区间。

  答案：B

  12. 以下程序的输出结果是＿＿＿＿＿＿＿。

```
main()
{  char x = 040;
   printf("% 0\n",x << 1);
}
```

  A. 100   B. 80   C. 64   D. 32

分析：题目中将八进制数 040 左移 1 位后按八进制输出,040 的二进制是 00100000,左移 1 位后,变为 01000000,转换成八进制是 0100。

答案：A

13. 整型变量 x 和 y 的值相等,且为非 0 值,则以下选项中,结果为 0 的表达式是_____。

    A. x||y   B. x|y   C. x&y   D. x^y

分析：选项 A 中,两个非 0 值表示两个逻辑真,进行或运算,结果仍然是逻辑真,在 C 语言里就是 1。选项 B 中,两个相等的数进行按位或运算,其值不变。选项 C 中,两个相等的数进行按位与运算,其值也不变。选项 D 中,两个相同的数进行按位异或运算,因为每一位都相等,所以计算结果为 0。

答案：D

14. 下面的语句:

```
printf("%d\n",12&012);
```

的输出结果是_____。

    A. 12   B. 8   C. 6   D. 012

分析：本题涉及按位运算,表达式 12&012 中,12 是十进制数,其二进制是 00001100,012 是八进制数,其二进制是 00001010,两数按位进行与运算,计算结果为 00001000。

答案：B

15. 假设:

```
int b = 2;
```

则表达式 (b≫2)/(b≫1) 的值是_____。

    A. 0   B. 2   C. 4   D. 8

分析：题目中变量 b 赋初值 2,即 00000010,表达式 b≫2 表示右移 2 位,变为 00000000,表达式 b≫1 表示右移一位,变成 00000001,最后计算结果为 0。

答案：A

二、填空题

1. 若 i 为 int 整型变量且赋值为 6,则运算 i++ 后表达式的值是_____,变量 i 的值是_____。

分析：i++ 是自加运算,由于加号在后面,所以是先取 i 的值,之后再 i=i+1,因此表达式 i++ 的值是 6,i 经过自加后本身的值已变为 7。

答案：6,7

2. 设二进制数 a 是 00101101,若想通过异或运算 a^b 使 a 的高 4 位取反,低 4 位不变,则二进制数 b 应是_____。

分析：本题考查的是位运算中的按位异或运算表达式的计算方法。根据二进制按位进行异或运算的原则,只有对应的两个二进制位不同时,结果的相应的二进制位才为 1,否则为 0。很容易得到 b 的值为 11110000。

答案：11110000

3. 若有以下定义,则计算表达式 y＋＝y－＝m＊＝y 后的 y 值是＿＿＿＿＿＿。

int m＝5,y＝2;

分析:复合赋值运算符的优先级与赋值运算符相同。先计算 m＊＝y,相当于 m＝m＊y＝5＊2＝10;再计算 y－＝10,相当于 y＝y－10＝2－10＝－8;最后计算 y＋＝－8,相当于 y＝y＋(－8),注意,上一步计算结果是 y＝－8,所以 y＝－8＋(－8)＝－16。

答案:－16

4. 假设 C 语言中,一个 int 型数据在内存中占 2 个字节,则 int 型数据的取值范围为＿＿＿＿＿＿。

分析:数据在内存中的存储形式是最高位为符号位,其余为数值位。因为计算机中数据的存储是用二进制表示的,所以数值位最大值为 15 个 1,即 111111111111111,对应十进制值是 32 767,又因为大部分计算机中的数据是用补码表示,而＋0 和－0 对应一个补码 16 个 0,即 0000000000000000,为了一一对应,所以补码系统中增加一个数－32 768,故 int 型数据取值范围为－32 768～＋32 767。

答案:－32 768～＋32 767

2.3 测试题

一、选择题

1. 下列 4 个选项中,用户标识符均不合法的是＿＿＿＿＿＿。

A. A	B. float	C. b－a	D. _ 123
P_0	1a0	goto	temp
do	_A	int	INT

2. 下面 4 个选项中,均是合法整型常量的是＿＿＿＿＿＿。

A. 160	B. －0Xcdf	C. －018	D. －0X48eg
－0xffff	01a	999	2e5
011	12,456	5e2	0x

3. 已知各变量的类型说明如下:

```
int k,a,b;
unsigned long w＝5;
double x＝1.42;
```

则以下不符合 C 语言语法的表达式是＿＿＿＿＿＿。

A. x％(－3)

B. w＋＝－2

C. k＝(a＝2,b＝3,a＋b)

D. a＋＝a－＝(b＝4)＊(a＝3)

4. 以下叙述不正确的是＿＿＿＿＿＿。

A. 在 C 程序中,逗号运算符的优先级最低

B. 在 C 程序中,APH 和 aph 是两个不同的变量

C. 若 a 和 b 类型相同,在计算了赋值表达式 a＝b 后,b 中的值将放入 a 中,而 b 中的值不变

D. 当从键盘输入数据时,对于整型变量只能输入整数,对于实型变量只能输入实数

5. 已知字母 A 的 ASCII 码为十进制数 65,且 c2 为字符型,则执行语句"c2＝'A'＋'6'－'3'；"后,c2 中的值为 _____。

    A. D   B. 68   C. 不确定的值   D. C

6. 若有定义"int a＝7; float x＝2.5,y＝4.7；",则表达式"x＋a%3 * (int)(x＋y)%2/4"的值为 _____。

    A. 2.500000   B. 2.750000   C. 3.500000   D. 0.000000

7. 在 C 语言中,char 型数据在内存中的存储形式是 _____。

    A. 补码   B. 反码   C. 原码   D. ASCII 码

8. 以下程序的运行结果是 _____。

```c
# include < stdio. h>
main( )
{int y = 3,x = 3,z = 1;
 printf("%d %d \n",(++x,y++),z + 2);
}
```

    A. 3 4   B. 4 2   C. 4 3   D. 3 3

9. 判断 char 类型数据 c1 是否为大写字母的最简单且正确的表达式为 _____。

    A. 'A'<=c1<='Z'   B. (c1>='A') & (c1<='Z')

    C. ('A'<=c1) AND ('Z'>=c1)   D. (c1>='A') && (c1<='Z')

10. 以下程序的输出结果是 _____。

```c
# include < stdio. h>
{ int i = 010,j = 10;
  printf("%d, %d\n",++i,j-- );
}
```

    A. 11,10   B. 9,10   C. 010,9   D. 10,9

11. 以下程序的输出结果是 _____。

```c
# include "stdio. h"
main()
{   char x = 040;
    printf("%d\n",x = x << 1);
}
```

    A. 100   B. 160   C. 120   D. 64

12. 以下程序中 c 的二进制值是 _____。

```c
char a = 3, b = 6, c;
c = a^b << 2;
```

    A. 00011011   B. 00010100   C. 00011100   D. 00011000

13. 以下程序的输出结果是 _____。

```c
# include "stdio. h"
main()
```

```
{   int x = 35; char z = 'A';
    printf(" % d\n",(x&15)&&(z<'a'));
}
```

  A. 0   B. 1   C. 2   D. 3

14. 以下程序的输出结果是 _____ 。

```
# include "stdio. h"
main()
{   int a = 5,b = 6,c = 7,d = 8,m = 2,n = 2;
    printf(" % d\n",(m = a > b)&(n = c > d));
}
```

  A. 0   B. 1   C. 2   D. 3

二、填空题

1. 在位运算符中除了取反运算符"~"以外,其余均为 __【1】__ 运算符,即要求运算符的两侧各有一个运算量,并且运算量只能是 __【2】__ 或者 __【3】__ 数据。

2. x,y 均为 int 型,则(y＝6,y＋1,x＝y,x＋1)的值是 _____ 。

3. a 为任意整数,能将变量 a 清零的表达式是 _____ 。

4. int k＝7,x＝12;则(x％＝k)－(k％＝5)的值是 _____ 。

5. 若有代数式 $\sqrt{y^x + \log y}$,则正确的 C 语言表达式是 _____ 。

6. 若有代数式 $|x^3 + \log_{10} x|$,则正确的 C 语言表达式是 _____ 。

7. 若 a 是 int 型变量,且 a 的初值为 6,则计算 a＋＝a－＝a＊a 表达式后 a 的值为 _____ 。

2.4 实验题

一、整型、实型和字符型变量的使用

 • **实验要求**

(1) 掌握整型、实型和字符型变量的使用方法。

(2) 熟悉 C 语言中整型常量、实型常量和字符型常量的表达方式。

(3) 了解 C 语言中输出函数 printf 的简单用法。

 • **实验内容**

(1) 问题描述。

在 main( )函数中定义整型变量 a,实型变量 b 和字符型变量 c,分别将其赋值为 12,1.5 和'A',用输出函数将 3 个变量的值输出。

(2) 编写程序代码。

(3) 调试程序。

(4) 保存程序。

思考题:

(1) 变量类型和常量类型不相同时,可以给变量赋值吗?

(2) 在 C 语言中变量可以不声明而直接使用吗?

二、算术表达式、赋值表达式和逗号表达式的使用

- **实验要求**

(1) 掌握算术运算符的使用。

(2) 掌握赋值表达式的使用。

(3) 掌握逗号表达式的使用。

- **实验内容**

(1) 输入并运行下面的程序:

```
main( )
{int a,b,c,d,e;
char s1,s2,s3;
a = 100;
b = 32;
c = a + b;
d = c/3;
e = a % b;
s1 = 'a';
s2 = 'b';
printf(" % d , % d, % d\n",c,d,e);
printf(" % c , % c\n",s1,s2);
}
```

(2) 输入并运行下面程序:

```
main( )
{int i,j,m,n;
i = 1.4;
j = 10;
m = ++i,j++;
printf(" % d, % d, % d",i,j,m);
}
```

思考题:

(1) ％运算符的作用是什么?

(2) n＝n+1 的含义是什么?

(3) ＋＋i 和 i＋＋有什么区别?

三、指针运算符的使用

- **实验要求**

(1) 掌握指针的概念。

(2) 掌握指针运算符的使用方法。

- **实验内容**

读程序写结果:

```
# include "stdio. h"
main()
{int a = 80;
int * p;
```

```
p = &a;
* p = * p + 1;
printf("%d\n",a);
}
```

思考题：

（1）& 运算符的作用是什么？

（2）* 运算符的作用是什么？

四、关系运算符和逻辑运算符的使用

- **实验要求**

（1）掌握关系运算符的用法。

（2）掌握逻辑运算符的用法。

- **实验内容**

读程序写结果：

```
#include "stdio.h"
main()
{int x = 11,y = 6,z = 1;
char c = 'k',d = 'y';
printf("%d\n",x>9 && y!=3);          //结果是_____
printf("%d\n",x == y||z!=y);          //结果是_____
printf("%d\n",!(x>8 && c!='k'));      //结果是_____
printf("%d\n",x<=1&&y==6||z<4);      //结果是_____
printf("%d\n",c>='a'&& c<='z');       //结果是_____
printf("%d\n",x>y>z);                 //结果是_____
printf("%d\n",x>y && y>z);            //结果是_____
printf("%d\n",c>='z' &&c<='a');       //结果是_____
}
```

第 3 章

顺序程序设计

3.1 知识要点

3.1.1 C 语句

一个源程序通常包含若干语句,这些语句用来完成一定的操作任务。C 程序的语句按照在程序中出现的顺序依次执行,由此构成的程序结构称为顺序结构。

3.1.2 C 语句分类

1. 控制语句

C 语言中常用的控制语句如表 3-1 所示。

表 3-1 控制语句

语　　句	名　　称
if ( )…else…	条件语句
switch	多分支选择语句
for ( )…	循环语句
while ( )…	循环语句
do…while ( )	循环语句
continue	结束本次循环语句
break	终止执行 switch 或者循环语句
return	返回语句

说明:以上语句中,"( )"表示一个条件,"…"表示内嵌语句。

2. 函数调用语句

由函数调用加分号构成,如"scanf("%d",&a);","printf("%d\n",a);"。

3. 表达式语句

由表达式加分号构成,如"a=b;","i++;"。

4. 空语句

C 语言中所有语句都必须由一个分号(;)结束,如果只有一个分号,如 main(){;},这个分号也是一条语句,称为空语句,程序执行时不产生任何动作。

5. 复合语句

在 C 语言中,用花括号"{ }"将两条或两条以上语句括起来的语句,称为复合语句。

3.1.3 输入输出的实现

C 语言的输入与输出是由函数调用语句实现的,一般分为以下两类。

1. 单个字符的输入输出

(1) 字符输入函数 getchar( ):从终端输入一个字符。

(2) 字符输出函数 putchar( ):向终端输出一个字符。

说明:如果在一个函数中要调用 getchar( )和 putchar( )函数,在该函数之前要有包含命令"#include <stdio.h>"。

2. 数据的输入与输出

(1) scanf( )函数:从键盘输入数据。

(2) printf( )函数:向终端(或系统隐含指定的输出设备)按指定格式输出若干个数据。

3.2 例题分析与解答

一、选择题

1. 若有声明"double a;",则正确的输入语句为_____。

    A. scanf("%lf",a);   B. scanf("%f",&a);

    C. scanf("%lf",&a)   D. scanf("%le",&a);

分析:选项 A 中使用的是变量 a,而不是变量 a 的地址,是错误的;选项 B 中应该用 %lf 或 %le 格式,因为 a 是 double 型;选项 C 中句末没有加分号,不是语句。

答案:D

2. 阅读以下程序:

```
#include <stdio.h>
main( )
{char str[10];
 scanf("%s",str);
 printf("%s\n",str);
}
```

运行该程序,输入"HOW DO YOU DO",则程序的输出结果是_____。

    A. HOW DO YOU DO   B. HOW

    C. HOWDOYOUDO   D. how do you do

分析:当从键盘输入字符串 HOW DO YOU DO 时,由于 scanf( )函数输入时遇到空格结束,只将 HOW 三个字符送到字符数组 str 中,并在其后自动加上结束符'\0'。

答案:B

3. 若有以下程序段:

```
#include <stdio.h>
main( )
```

```
{ int a = 2,b = 5;
  printf("a = % % d,b = % % d\n",a,b);
}
```

其输出结果是_____。

      A. a＝%2,b＝%5　　　　　　　　　　B. a＝2,b＝5

      C. a＝%%d,b＝%%d　　　　　　　　D. a＝%d,b＝%d

分析：C语言规定,连续的两个百分号(%%)将按一个%字符处理,即输入一个%,所以"%%d"被解释为输出两个字符,即%和 d。根据以上分析,在格式中没有用于整型数输出的格式说明符"%d",因此无法对整型变量 a 和 b 进行输出,格式中的所有内容将按原样输出。

答案：D

4. 若有以下程序段：

```
float a = 3.1415;
printf("| % 6.0f|\n",a);
```

则输出结果是_____。

      A. |3.1415 |　　　　B. | 3.0|　　　　C. |□□□□□3|　　　　D. |3. |

分析：在输出格式中,最前面的"|"号和"\n"前的"|"号按照原样输出。当在输出格式中指定输出的宽度时,输出的数据在指定宽度内右对齐。对于实型数,当指定小数位为 0 时,输出的实型数据将略去小数点和小数点后的小数。

答案：C

5. 若有以下定义语句：

```
int u = 010,v = 0x10,w = 10;
printf("% d, % d, % d\n",u,v,w);
```

则输出结果是_____。

      A. 8,16,10　　　　　　　　　　　　B. 10,10,10

      C. 8,8,10　　　　　　　　　　　　D. 8,10,10

分析：本题考查了两个知识点：一是整型常量的不同表示法,二是格式输出函数 printf()的字符格式。题中"int u＝010,v＝0x10,w＝10；"语句中的变量 u,v,w 分别是八进制数、十六进制数和十进制数表示法,对应着十进制数的 8,16 和 10。而 printf()函数中的"%d"是格式字符,表示以十进制形式输出。

答案：A

二、填空题

1. 变量 i,j,k 已定义为 int 型并有初值 0,用以下语句进行输入：

```
scanf("% d",&i); scanf("% d",&j); scanf("% d",&k);
```

当执行以上语句时,从键盘输入(<CR 代表回车键>)：

```
12.3<CR>
```

则变量 i,j,k 的值分别是_____,_____,_____。

分析：首先为 i 赋值。当读入 12 时遇到点号(.)，因为 i 是整型变量，则视该点号为非法数据，这时读入自动结束，把 12 赋给变量 i。未读入的点号留在缓冲区作为下一次输入数据。当执行第二个输入语句时，首先遇到点号，因为 j 是整型变量，因此也视该点为非法数据，输入自动结束，没有给变量 j 赋值。执行第三个输入语句的情况与第二个输入语句相同。

答案：12,0,0

2. 复合语句在语法上被认为是_____。空语句的形式是_____。

分析：按 C 语法规定，在程序中，用一对花括号把若干语句括起来称为复合语句；复合语句在语法上被认为是一条语句。空语句由一个单独的分号组成，当程序遇到空语句时，不产生任何操作。

答案：一条语句，分号";"

3. C 语句句尾用_____结束。

分析：按 C 语法规定，C 语言语句用分号";"作为语句结束标志。一个语句必须在最后出现分号";"，分号是语句中不可缺少的一部分。

答案：分号";"

4. 以下程序段：

```
int k; float a; double x;
scanf("%d%f%lf",&k,&a,&x);
printf("k=%d,a=%f,x=%f\n",k,a,x);
```

要求通过 scanf 语句给变量赋值，然后输出变量的值。则运行时给 k 输入 100，给 a 输入 25.82，给 x 输入 1.89234 的 3 种可能的输入形式为_____、_____和_____。

分析：当调用 scanf()函数从键盘输入数据时，输入的数据之间用间隔符隔开。合法的间隔符可以是空格、制表符和回车符。只要在输入数据之间使用如上所述的合格的分隔符即可。

答案：(1) 100　　25.82　　1.89234

(2) 100<回车符>

　　25.82<回车符>

　　1.89234<回车符>

(3) 100<制表符>25.82<制表符>1.89234<回车符>

3.3　测试题

一、选择题

1. 以下叙述正确的是_____。

A. 在 C 程序中，每行只能写一条语句

B. 若 a 是实型变量，C 程序中允许赋值 a=10，因此实型变量中允许存放整型数

C. 在 C 程序中，无论是整数还是实数，都能被准确无误地表示

D. 在 C 程序中，%是只能用于整数运算的运算符

2. printf()函数中用到格式符"%5s",其中数字 5 表示输出的字符串占 5 列。如果字符串长度大于 5,则输出按方式_____;如果字符串长度小于 5,则输出按方式_____。

    A. 从左起输出该字串,右补空格

    B. 按原字符长从左向右全部输出

    C. 右对齐输出该字串,左补空格

    D. 输出错误信息

3. 根据下面的程序及数据的输入和输出形式,程序中输入语句的正确形式应该为_____(˷表示空格字符)。

```
main( )
{char ch1,ch2,ch3;
    输入语句
    printf("%c%c%c",ch1,ch2,ch3);
}
输入形式: A˷B˷C
输出形式: A˷B
```

    A. scanf("%c%c%c",&ch1,&ch2,&ch3);

    B. scanf("%c,%c,%c",&ch1,&ch2,&ch3);

    C. scanf("%c %c %c",&ch1 &ch2 &ch3);

    D. scanf("%c%c",&ch1,&ch2,&ch3);

4. 以下能正确地定义整型变量 a,b 和 c 并为其赋初值 5 的语句是_____。

    A. int a=b=c=5;　　　　　B. int a,b,c=5;

    C. int a=5,b=5,c=5;　　　　D. a=b=c=5;

5. 已知 ch 是字符型变量,下面不正确的赋值语句是_____。

    A. ch='a+b';　　B. ch='\0'　　C. ch='7'+'9';　　D. ch=5+9;

6. 已知 ch 是字符型变量,下面正确的赋值语句是_____。

    A. ch='123';　　B. ch='\xff';　　C. ch='\08';　　D. ch="\";

7. 若有以下定义,则正确的赋值语句是_____。

```
int a,b=1; float x;
```

    A. a=1,b=2,　　B. b++;　　C. a=b=5　　D. b=int(x);

8. 设 x,y 均为 float 型变量,则以下不合法的赋值语句是_____。

    A. ++x;　　B. y=(x%2)/10;　　C. x*=y+8;　　D. x=y=0;

9. 设 x,y 和 z 均为 int 型变量,则执行语句"x=(y=(z=10)+5)-5;"后,x,y 和 z 的值是_____。

    A. x=10　　　　B. x=10　　　　C. x=10　　　　D. x=10

      y=15　　　　　　y=10　　　　　　y=10　　　　　　y=5

      z=10　　　　　　z=10　　　　　　z=15　　　　　　z=10

10. 已知"char a; int b; float c; double d;",则表达式 a*b+c−d 的结果为_____型。

    A. double　　　　B. int　　　　C. float　　　　D. Char

二、填空题

1. 以下程序的输出结果为 _____。

```
void main( )
{printf(" % f, % 4.3f",3.14,3.1415); }
```

2. 已有定义 int a;float b,x;char c1,c2;为使 a＝3,b＝6.5,x＝12.6,c1='a',c2='A',
正确的 scanf 函数调用语句是 ____【1】____,输入数据的方式为 ____【2】____。

三、编程题

1. 编写程序,输入 3 个数,求它们的乘积,并输出。

2. 编写程序,输入 2 个整数,并将它们输出。

3.4 实验题

一、读程序,掌握单个字符的输出函数

输入下列程序代码,并运行。

```
# include < stdio. h>
main()
{char a,b,c;
  a = 'B'; b = 'Q' ;c = 'Y';
  putchar(a);putchar(b);putchar(c);
}
```

思考题:

(1) 若最后一行改为:

```
putchar(a);putchar('\n');putchar(b);putchar('\n');putchar(c);
```

则输出的结果是什么?

(2)'\n'的作用是什么?

二、读程序,掌握单个字符的输入函数

输入下列程序代码,并运行。

```
# include < stdio. h>
main()
{char c;
  c = getchar();
  putchar(c);
}
```

思考题:

(1) 包含命令＃include ＜stdio. h＞可以省略吗? 为什么?

(2) getchar()能接收字符串"ab"吗?

三、编写程序,求三角形面积

• **实验要求**

输入三角形的三边长度 a,b,c,求出三角形面积(假定三边能够构成三角形)。

三角形面积公式：area＝$\sqrt{s(s-a)(s-b)(s-c)}$，其中 s＝(a＋b＋c)/2。

- **算法分析**

输入三角形三边长 a,b,c,先计算出周长 s,再代入三角形面积公式求出面积。其算法如图 3-1 所示。

输入三边 a,b,c
s＝(a＋b＋c)/2
area＝sqrt(s(s－a)(s－b)(s－c))
输出面积 area

图 3-1　实验三的算法

四、编写程序,实现温度转换

- **实验要求**

输入一个华氏温度,要求输出摄氏温度。公式为：$c=\dfrac{5}{9}(F-32)$,输出结果保留两位小数。

- **算法分析**

用 scanf 函数输入华氏温度 F,代入转换公式即可。

思考题：

(1) C 表达式 5/9 的值是多少? 为什么?

(2) C 表达式 5.0/9 的值是多少? 为什么?

第 **4** 章

选择结构程序设计

4.1 知识要点

4.1.1 关系运算符和关系表达式

1. 关系运算符

C 语言提供了 6 种关系运算符,如表 4-1 所示。

表 4-1　关系运算符

关系运算符	名　　称	关系运算符	名　　称
<	小于	>=	大于等于
<=	小于等于	==	等于
>	大于	!=	不等于

2. 关系表达式

由关系运算符连接而成的表达式称为关系表达式。

当关系运算符两边的值类型不一致时,系统将自动把它们转换为相同类型,然后再进行比较。转换原则为按照从低级类型向高级类型进行转换。例如,一边是整型,一边是实型,系统将把整型数转换为实型数再比较,如图 4-1 所示。

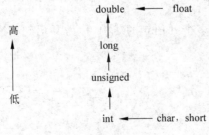

图 4-1　数据类型转换

4.1.2 逻辑运算符和逻辑表达式

1. 逻辑运算符

C 语言提供了 3 种逻辑运算符,如表 4-2 所示。

表 4-2 逻辑运算符

逻辑运算符	名　称	逻辑运算符	名　称
&&	逻辑与	!	逻辑非
||	逻辑或		

说明:"&&"和"||"是双目运算符,而"!"是单目运算符,后者只要求有一个操作数。算术运算符、关系运算符和逻辑运算符的优先级是:

!(逻辑非)>算术运算符>关系运算符>&&>||>赋值运算符

2. 逻辑表达式

逻辑表达式由逻辑运算符和运算对象组成,其中,运算对象可以是一个具体的值,也可以是 C 语言任意合法的表达式,逻辑表达式的运算结果是 1(真)或者 0(假)。但是在判断一个量是否为"真"时,以 0 代表"假",以非 0 代表"真",即将一个非 0 的数值认为"真"。例如,a=5,则"!a"的值为 0。

4.1.3　if 语句

if 语句用来判断所给定的条件是否满足,并根据判断结果(真或假)来决定执行分支给出的两种操作中哪一种,具有以下三种形式:

1) if (表达式) 语句
2) if (表达式) 语句 1 else 语句 2
3) if (表达式 1) 语句 1
　　else if (表达式 2) 语句 2
　　else if (表达式 3) 语句 3
　　　　⋮
　　else if (表达式 m) 语句 m
　　else 语句 n

说明:else 不能独立成为一条语句,它是 if 语句的一部分,不允许单独出现在程序中。else 必须与 if 配对,共同组成 if…else 语句。

4.1.4　if 语句的嵌套

在 if 语句又包含一个或多个 if 语句的结构,称为 if 语句的嵌套,形式如下:

```
if ( )
    if ( ) 语句 1
    else 语句 2
else
    if ( ) 语句 3
    else 语句 4
```

注意:else 总是与它上面最近的 if 配对。

4.1.5　条件运算符构成的选择结构

条件运算符构成的选择结构形式如下:

(x<y)?x: y

其中,(x<y)?x：y 是一个条件表达式,"?："是条件运算符。该表达式是这样执行的：如果(x<y)条件成立,则整个条件表达式取值 x,否则取值 y。

条件运算符的优先级高于赋值运算符,但低于逻辑运算符、关系运算符和算术运算符。

4.1.6 switch 语句和 goto 语句

1. switch 语句

switch 语句是 C 语言提供的多分支选择语句,用来实现多分支选择结构,形式如下：

```
switch (表达式)
{ case 常量表达式 1: 语句 1
  case 常量表达式 2: 语句 2
            ⋮
  case 常量表达式 n: 语句 n
  default: 语句 n+1
}
```

2. goto 语句

goto 是无条件转移语句,形式如下：

goto 语句标号;

作用：把程序的执行转向语句标号所在的位置。

说明：goto 语句一般和条件语句合用,构成有条件的转移语句,一般不单独使用该语句。

4.2 例题分析与解答

一、选择题

1. 下列错误的语句是_____。

    A. if(a>b)printf("%d",a);　　　　B. if (&&); a=m;

    C. if (1) a=m; else a=n;　　　　D. if (a>0); {else a=n; }

分析：选项 A,当 a>b 成立时执行语句"printf("%d",a); ",是正确的。选项 B 中的"if(&&);"后面的分号表示它是一条空语句,而不是 if 语句的结束标志,但 && 是运算符,不是表达式,所以 B 是错误的。选项 C 中的 1 表示条件恒为真,所以 C 是正确的。选项 D 也用了一条空语句,之后是用花括号括起来的复合语句,是正确的。

答案：B

2. 读下列程序：

```
#include <stdio.h>
main( )
{float a,b,t;
  scanf("%f,%f",&a,&b);
```

```
if ( a>b) {t = a; a = b; b = t; }
printf ("%5.2f,%5.2f",a,b);
}
```

运行时从键盘输入3.8和−3.4,则正确的输出结果是_____。

  A. −3.40,−3.80   B. −3.40,3.80

  C. −3.4,3.8   D. 3.80,−3.40

  分析:此程序是输入两个实数,按代数值由小到大的次序输出这两个数。

  答案:B

3. 读下列程序:

```
#include <stdio.h>
main( )
{   int x,y;
    scanf("%d",&x);
    y = 0;
    if (x >= 0)
        {if (x>0)y = 1;}
    else y = −1;
    printf ("%d",y);
}
```

当从键盘输入32时,程序输出结果为_____。

  A. 0   B. −1   C. 1   D. 不确定

  分析:此程序可以转化为如下的数学公式。

$$y=\begin{cases} -1 & (x<0) \\ 0 & (x=0) \\ 1 & (x>0) \end{cases}$$

  首先输入 x 值,然后使 y=0,再进行判断,if (x>=0){if (x>0)y=1;}的实质是:如果 x>0,使 y=1,else 否定的是 if (x>=0),而不是{if (x>0)y=1; }中的 if (x>0),即 x<0,则使 y=−1。

  答案:C

4. 对下述程序,_____是正确判断。

```
#include <stdio.h>
main( )
{int x,y;
    scanf("%d, %d",&x,&y);
    if (x>y)
    x = y;y = x;
    else
        x++;y++;
    printf("%d, %d",x,y);
}
```

  A. 有语法错误,不能通过编译   B. 若输入数据 3 和 4,则输出 4 和 5

  C. 若输入数据 4 和 3,则输出 3 和 4   D. 若输入数据 4 和 3,则输出 4 和 4

分析：if 语句称为条件语句或分支语句，其基本形式只有以下两种。

if(表达式)语句
if(表达式)语句1 else 语句2

不管 if 语句中的条件为真还是为假，只能执行一个语句，而程序中的"x＝y；y＝x；"是两条语句，故选项 A 是正确的。改正的办法是用花括号把"x＝y；y＝x；"括起来，即{ x＝y；y＝x；}，构成一个复合语句。题中的其他选项是在假定"x＝y；y＝x；"为复合语句的基础上产生的。

答案：A

5. 以下程序的输出结果是_____。

```
#include <stdio.h>
main ( )
{int x = 1,y = 0,a = 0,b = 0;
 switch (x)
  {case 1:
    switch (y)
      {case 0:a++;break;
       case 1:b++;break;
      }
      case 2:a++;b++;break;
      case 3:a++;b++;
  }
 printf("\na = %d,b = %d",a,b);
}
```

    A. a＝1,b＝0   B. a＝2,b＝1   C. a＝1,b＝1   D. a＝2,b＝2

分析：程序执行时，x＝1，执行内嵌的 switch 语句，因 y＝0，执行"a＋＋；"，使 a 的值为 1 并终止内层 switch 结构，回到外层。因为"case 1"后没有 break 语句，程序继续执行"case 2："后面的语句"a＋＋；b＋＋；"，使变量 a,b 的值分别为 2 和 1，外层 switch 语句结束。

答案：B

6. 不等式 x≥y≥z 对应的 C 语言表达式是_____。

    A. (x>=y)&&(y>=z)   B. (x>=y) and (y>=z)
    C. (x>=y>=z)   D. (x>=y) & (y>=z)

分析：选项 D 中，表达式(x>=y) &(y>=z)中的运算符"&"是一个位运算符，不是逻辑运算符，因此不可能构成一个逻辑表达式。选项 B 中，表达式(x>=y)and(y>=z)中的运算符"and"不是 C 语言中的运算符，因此这不是一个合法的 C 语言表达式。选项 C 中，(x>=y>=z)在 C 语言中是合法的表达式，但在逻辑上，它不能代表 x≥y≥z 的关系。

答案：A

7. 以下程序的输出结果是_____。

```
#include <stdio.h>
main ( )
{int a = 2,b = -1,c = 2;
```

```
   if (a < b)
     if(b < 0) c = 0;
     else c += 1;
   printf ("%d\n",c);
   }
```

　　　A. 0　　　　　　　　B. 1　　　　　　　　C. 2　　　　　　　　D. 3

　　分析：本题涉及如何正确理解 if…else 语句的语法。按 C 语言语法规定,else 子句总是与前面最近的不带 else 的 if 语句相结合,与书写格式无关。本题中的 if 语句是一个 if…else 语句,else 应当与内嵌的 if 配对,第一个 if 语句其实并不含有 else 子句。如果按正确的缩进格式重新写出以上程序段就更易理解。首先执行 if(a<b),由于 a<b 不成立,因而不执行其内部的子句,接着执行下面的 printf 语句,所以变量 c 没有被重新赋值,其值仍为 2。

　　答案：C

　　8. 以下程序的输出结果是_____。

```
#include <stdio.h>
main ()
{int w = 4, x = 3, y = 2, z = 1;
 printf("%d\n",(w < x?w: z < y?z: x));
}
```

　　　A. 1　　　　　　　　B. 2　　　　　　　　C. 3　　　　　　　　D. 4

　　分析：本题的 printf 语句输出项是一个复合条件表达式。为了清晰起见,可用圆括号将此表达式中的各个运算项括起来:(w<x? (w)): (z<y? z: x)),第一个条件表达式是"w<x? (w):(第二个条件表达式)"。按现有数据,w<x 不成立,因此执行第二个条件表达式"z<y? (z): (x)",其值作为整个表达式的值;由于条件 z<y 成立,其值为 1,因而求出 z 的值作为整个表达式的值。

　　答案：A

二、填空题

　　1. 在 C 语言中,关系运算符的优先级是_____。

　　分析：关系运算符<,>,<=,>=的优先级别相同,==,!=的优先级别相同。前 4 种优先级高于后两种。

　　答案：<,>,<=,>=,==,!=

　　2. 在 C 语言中,逻辑运算符的优先级是_____,_____, _____。

　　分析：C 语言中的逻辑运算符按由高到低的优先级是:!(逻辑非),&&(逻辑与),||(逻辑或)。

　　答案：!,&&,||

　　3. 以下程序的输出结果是_____。

```
#include <stdio.h>
main ()
{int a = 100;
  if(a > 100)
    printf("%d\n",a > 100);
  else
```

```
        printf("%d\n",a<=100);
    }
```

分析：由于 a 已在定义时赋了初值 100，所以接下来 if 语句中的关系表达式 a>100 的值是 0，不执行其后的输出语句，而执行 else 子句中的 printf 语句，它的输出项是 a<=100。由于 a=100，此表达式值为 1。注意，无论是逻辑表达式还是关系表达式，结果为"真"时，它们的值就是确切地等于 1，而不是"非 0"。

　　答案：1

　　4. 请写出与以下表达式等价的表达式_____，_____。

　　(1) !(x>0)　　　　　　　(2) !0

分析：表达式"!(x>0)"的含义是，如果 x>0，此表达式的值就为"假"，即为 0；x 的值小于等于 0，此表达式的值为"真"，即为 1。在 C 语言中，用 1 代替!0。

　　答案：x<=0,1

4.3　测试题

一、选择题

1. 已知 x,y 和 z 是 int 型变量，且 x=3,y=4,z=5，则下面表达式中值为 0 的是_____。

　　A. 'x' && 'y'　　　　　　　　　　B. x<=y

　　C. x||y+z && y-z　　　　　　　　D. !((x<y) && !z || 1)

2. 判断 char 型变量 ch 是否为大写字母的正确表达式是_____。

　　A. 'A'<=ch<='Z'　　　　　　　　B. (ch>='A') & (ch<='Z')

　　C. (ch>='A') && (ch<='Z')　　　　D. ('A'<=ch) AND ('Z'>=ch)

3. 当 A 的值为奇数时，表达式的值为"真"；当 A 的值为偶数时，表达式的值为"假"。则以下不能满足要求的表达式是_____。

　　A. A%2==1　　　B. !(A%2==0)　　　C. !(A%2)　　　D. A%2

4. 当 a=1,b=3,c=5,d=4 时，执行完下面一段程序后 x 的值是_____。

```
if (a<b)
  if(c<d)x=1;
  else
    if(a<c)
      if(b<d)x=2;
      else  x=3;
    else  x=6;
else  x=7;
```

　　A. 1　　　　　　　B. 2　　　　　　　C. 3　　　　　D. 6

5. 若有条件表达式(exp)? a++:b--，则以下表达式中能完全等价于表达式(exp)的是_____。

　　A. (exp==0)　　　B. (exp!=0)　　　C. (exp==1)　　　D. (exp!=1)

6. 执行以下程序段后,变量 a,b,c 的值分别为_____。

```
int x = 10, y = 9;
int  a,b,c;
a = ( -- x = = y++)?  -- x:++y;
b = x++;
c = y;
```

  A. a=9,b=9,c=9   B. a=8,b=8,c=10

  C. a=9,b=10,c=9   D. a=10,b=11,c=10

二、填空题

1. 当 a=3,b=2,c=1 时,表达式 a>b>c 的值是 【1】,表达式 a>b && b>c 的值是 【2】。

2. 在 C 语言中,表示逻辑"真"值用_____。

3. C 语言提供的三种逻辑运算符是 【1】、【2】、【3】。

4. 已知 A=7.5,B=2,C=3.6,表达式 A>B && C>A || A<B && ! C>B 的值是_____。

三、编程题

1. 输入三角形的三边 a,b,c,编程判断是否能构成三角形,若可以构成三角形,则求三角形面积并判断三角形类型(等边、等腰或一般三角形)。

2. 输入年份,编程判断其是否为闰年。

判断闰年的条件:

(1) 年份能被 400 整除为闰年;

(2) 年份能被 4 整除但不能被 100 整除为闰年。

3. 有三个数 a,b,c,要求编程实现从大到小的顺序输出。

4. 编程序:根据表 4-3 的函数关系,对输入的每个 x 值,计算出相应的 y 值。

表 4-3   函数关系

y 值	x 值	y 值	x 值
0	x<0	10	10<x<=20
x	0<x<=10	$-0.5x+20$	20<x<40

5. 编程序,对于给定的一个百分制成绩,输出相应的五分制成绩。设 90 分及以上为 A,80～89 分为 B,70～79 分为 C,60 ~69 分为 D,60 分以下为 E(用 switch 语句实现)。

4.4 实验题

一、编写程序,求方程根

• 实验要求

求 $ax^2+bx+c=0$ 方程的根。a,b,c 由键盘输入。

• 算法分析

根据判别式 b^2-4ac 的值,求出一元二次方程 $ax^2+bx+c=0$ 的实根。具体算法如图 4-2 所示。

思考题：顺序结构程序执行的特点是什么？

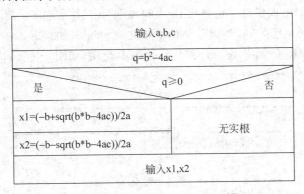

图 4-2　实验一的算法

二、编写程序，从大到小输出两个数

• **实验要求**

输入两个数，按照从大到小的顺序输出。

• **算法分析**

方法 1：用 a 和 b 代表输入的两个数，如果 a 大于 b 则先输出 a，后输出 b；否则先输出 b，后输出 a。

方法 2：a 和 b 表示输入的两个数，如果 a 小于 b 则 a 和 b 交换（保证 a 大于或等于 b），否则不交换，输出 a 和 b。

• **完善代码**

方法 1：

```
main( )
{float  a,b;
scanf("%f,%f",&a,&b);
if (_____) printf("%f,%f\n",a,b);
else  printf("%f,%f\n",b,a);
}
```

方法 2：

```
main( )
{ float  a,b,t;
scanf("%f,%f",&a,&b);
if ( a<b ) {_____; _____; _____; }
printf("%f,%f\n",a,b);
}
```

• **调试程序**

输入数据：1,2　　　　　输出结果为：_____

输入数据：2,1　　　　　输出结果为：_____

三、编程实现从大到小输出三个数

• **实验要求**

输入三个数 a、b 和 c，按由大到小的顺序输出。

- **算法分析**

输出顺序为 a,b,c,即保证 a 值最大,b 中间,c 最小。方法如下:两两比较,先比较 a 和 b,如果 a<b,则 a 和 b 互换值,否则不交换;再比较 a 和 c,如果 a<c,则交换其值,此时,a 中值最大;再比较 b 和 c,如果 b<c,则交换,否则不交换,如图 4-3 所示。

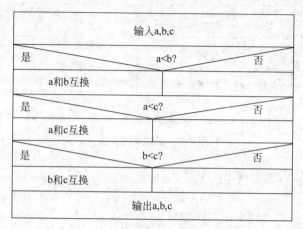

图 4-3 实验三的算法

- **调试程序**

输入数据:	1,2,3	结果如何?
输入数据:	3,2,1	结果如何?
输入数据:	3,1,2	结果如何?

四、编写程序,求成绩等级

- **实验要求**

给出一个百分制成绩,要求输出成绩等级 A,B,C,D,E。90 分及以上为 A,80~89 分为 B,70~79 分为 C,60~69 分为 D,60 分以下为 E。

- **算法分析**

用条件语句控制输入数据的范围,也可以用 switch 语句和 break 语句来控制输入数据范围。算法如图 4-4 所示。

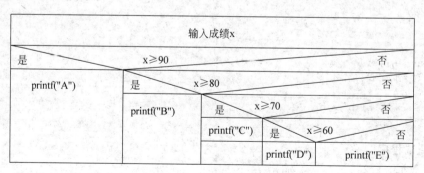

图 4-4 实验四的算法

要求分别用 switch 语句和 if 语句两种方法实现。运行程序,并检查结果是否正确。

要求:

输入分数为负值(如−90),这显然是输入错误,不应该给出等级。修改程序,使之能正确处理任何数据。当输入数据大于 100 或小于 0 时,通知用户"输入数据错误",程序结束。

五、编程,求分段函数值

- **实验要求**

有一函数:

$$y=\begin{cases} x & (x<1) \\ 2x-1 & (5\leqslant x<10) \\ 3x+4 & (10<x<15) \\ 90-5x & (20<x<30) \\ 80+3x & (x>60) \end{cases}$$

用 scanf 函数输入 x 的值,求 y 值。

- **算法分析**

注意条件语句的表达形式,逻辑表达式中的条件要写全。If 和 else 的内在逻辑关系要清楚。运行程序,输入 x 的值(分为 $x<1,5\leqslant x<10,10<x<15,20<x<30,x>60$ 五种情况),检查输出的 y 值是否正确。

第 5 章

循环程序设计

5.1 知识要点

5.1.1 循环结构的三种形式

1. for 循环结构

一般形式：

```
for(表达式 1; 表达式 2; 表达式 3)
    语句
```

执行过程：

（1）先求表达式 1 的值。

（2）求表达式 2 的值，若其值为真（非 0），则执行 for 语句中指定的内嵌语句，然后执行步骤（3）。若为假（为 0），则结束循环，转到步骤（5）。

（3）求解表达式 3。

（4）转回步骤（2）继续执行。

（5）循环结束，执行 for 语句下面的一个语句。

2. while 循环结构

一般形式：

```
while (表达式)语句
```

当表达式为非 0 时，执行 while 语句中的内嵌语句。

3. do…while 循环结构

一般形式：

```
do
    循环体语句
while(表达式);
```

执行过程：先执行一次指定的循环体语句，执行完后，判别 while 后面的表达式的值，当表达式的值为非 0（真）时，重新执行循环体语句。如此反复，直到表达式的值等于 0 为止，此时循环结束。

4．几种循环的比较

前面讲的几种循环都可以处理同一问题，一般情况下它们可以互相代替。但最好根据每种循环的不同特点选择最合适的。

do…while 构成的循环和 while 循环十分相似，它们的主要区别是：while 循环的控制出现在循环体前，只有当 while 后面的表达式的值为非 0 时，才执行循环体；在 do…while 构成的循环体中，总是先执行一次循环体，然后再求表达式的值，因此无论表达式的值是否为 0，循环体至少要被执行一次。

5.1.2 continue 语句和 break 语句

在循环语句的循环体中，经常用到 continue 语句和 break 语句：

1．continue 语句

结束本次循环，即跳过循环体中下面尚未执行的语句，而转去重新判定循环条件是否成立，从而确定下一次循环是否继续执行。

2．break 语句

在选择结构中，break 语句可以使流程跳出 switch 结构，继续执行 switch 语句下面的语句。在循环结构中，break 语句可以使流程跳出循环体，提前结束循环。

说明：break 语句使循环终止；continue 语句结束本次循环，而不是终止整个循环。

5.2 例题分析与解答

一、选择题

1．设 i 和 x 都是 int 类型，则下面的 for 循环语句_____。

```
for(i = 0,x = 0;i <= 9 && x!= 876;i++)scanf(" % d",&x);
```

  A．最多执行 10 次   B．最多执行 9 次

  C．是无限循环   D．一次也不执行

分析：此题中 for 循环的执行次数取决于逻辑表达式"i<=9 && x!=876"，只要 i<=9 且 x!=876，循环就执行。结束循环取决于两个条件：i>9 或者 x=876。只要在执行 scanf("%d",&x)时，从终端输入 876，循环就结束。如果未输入 876，则 i 的值一直增加，每次加 1，循环 10 次时 i=10，即 i>9 时，循环结束。

答案：A

2．下述 for 循环语句_____。

```
int i,k;
for(i = 0,k = -1;k = 1;i++,k++)
  printf("*   *   *");
```

  A．判断循环结束的条件非法   B．是无限循环

  C．只循环一次   D．一次也不循环

分析：本题的关键是赋值表达式 k=1。由于表达式 2 是赋值表达式 k=1，为真，因此执行循环体，使 k 增 1，但循环再次计算表达式 2 时，又使 k 为 1，如此反复。

答案：B

3. 在下述程序中,判断语句 i>j 共执行了_____次。

```c
#include <stdio.h>
main( )
{int i = 0,j = 10,k = 2,s = 0;
for(;;)
  {i += k;
   if(i > j)
     {printf(" % d",s);
        break;}
   s += i;
   }
}
```

A. 4   B. 7   C. 5   D. 6

分析：本例的循环由于无外出口,只能借助 break 语句终止。鉴于题目要求说明判断语句 i>j 的执行次数,只需考查 i+＝k 运算如何累计 i 的值(每次累计 i 的值,都会累计判断 i>j 一次),i 的值分别是 i=2,4,6,8,10,12,当 i 的值为 12 时判断 i>j 为真,程序输出 s 的值并结束,共循环 6 次。

答案：D

4. 以下程序段的输出结果是_____。

```c
int x = 3;
do
{printf(" % d",x = x - 2);
}while(!( -- x));
```

A. 1   B. 3 0   C. 1 -2   D. 死循环

分析：在以上程序段中,进入循环体前 x 的值是 3,执行 x＝x-2 后,x 的值变成 1,然后输出该值。在 while 控制表达式"!(－－x)"中,x 的值先减 1,变为 0,再进行"逻辑非"运算,!0 的值为 1,循环继续。因 x＝0,第二次执行 x＝x-2 后,x 的值变为-2,再次输出。在 while 控制表达式"!(－－x)"中,x 的值先减 1 变成-3,再进行"!(-3)"运算,其值为 0,退出循环。

答案：C

二、填空题

1. 以下程序段的输出结果是_____。

```c
#include <stdio.h>
main( )
{int x = 2;
while(x -- );
printf(" % d\n",x);
}
```

分析：由程序可知,x 的初值为 2,它的值在 while 循环控制表达式中发生改变。在执行 while 循环时,每循环一次,循环控制表达式先判断 x 的值,然后 x 值减 1。注意,只要循

环控制表达式的值为非 0,循环就继续;当 x 的值为 0 时,循环结束,同时因再一次执行 x－－,
x 的值再减 1。因此退出循环去执行 printf 语句时,x 的值已是－1。

答案:－1

2. 以下程序的功能是:从键盘上输入若干学生的成绩,统计并输出最高成绩和最低成
绩,当输入负数时结束输入,请填空。

```
# include < stdio. h>
main()
{float x,amax,amin;
scanf(" % f",&x);
amax = x;amin = x;
while( 【1】  )
    {if(x > amax)amax = x;
    if( 【2】  )amin = x;
    scanf(" % f",&x);
    }
    printf("\namax = % f\n amin = % f\n",amax,amin);
}
```

分析:由以上程序可知,最高成绩放在变量 amax 中,最低成绩放在 amin 中。while 循
环用于不断读入数据放入 x 中,并通过判断,把大于 amax 的数放于 amax 中,把小于 amin
的数放入 amin 中。因此在【2】处应填入 x<amin。while 后的表达式用以控制输入成绩是
否为负数,若是负数,读入结束并且退出循环,因此在【1】处应填入 x>=0,即当读入的值大
于等于 0 时,循环继续,小于 0 时循环结束。

答案:【1】 x>=0   【2】 x<amin

3. 以下程序段的输出结果是_____。

```
int k,n,m;
n = 10;m = 1;k = 1;
while(k <= n)
    m * = 2;
printf(" % d\n",m);
```

分析:由程序段可知,m 的值在 while 循环中求得。while 循环的控制表达式(k<=n)
中,k 和 n 的初值分别是 1 和 10,但在整个 while 循环中,控制表达式中的变量 k 或 n 中的
值都没有在循环过程中有任何变化,因此,表达式 k<=n 的值永远为 1,循环将无限地进行
下去。

答案:程序段无限循环,没有输出结果

4. 下述程序的运行结果是_____。

```
# include < stdio. h>
main( )
{int s = 0,k;
 for(k = 7;k > 4;k --)
 {switch(k)
    { case 1:
      case 4:
```

```
        case 7:s++;break;
        case 2:
        case 3:
        case 6:break;
        case 0:
        case 5:s += 2;break;
    }
}
printf("s = % d",s);
}
```

分析：本题主要考查 switch 的用法。先看循环，一共有 3 次,k＝7 时,执行"s＋＋;",
switch 结束,使 s＝1；当 k＝6 时,break 终止 switch；当 k＝5 时,执行"s＋＝2；",switch
结束,s＝3。

答案：s＝3

5.3 测试题

一、选择题

1. 语句"while(E);"中的条件"E"等价于_____。

    A. E==0   B. E!=1   C. E!＝0   D. ～E

2. 下面有关 for 循环的正确描述是_____。

    A. for 循环只能用于循环次数已经确定的情况

    B. for 循环时先执行循环体语句,后判别表达式

    C. 在 for 循环中,不能用 break 语句跳出循环体

    D. for 循环的循环体中,可以包含多条语句,但必须用花括号括起来

3. 设有程序段:

```
int k = 10;
while (k = 0) k = k - 1;
```

则下面描述中正确的是_____。

    A. while 循环执行 10 次   B. while 循环为无限循环

    C. 循环体语句一次也不执行   D. 循环体语句执行一次

4. 下面程序段的运行结果是_____。

```
a = 1;b = 2;c = 2;
while(a<b<c){t = a;a = b;b = t;c--;}
printf("% d,% d,% d",a,b,c);
```

    A. 1,2,0   B. 2,1,0   C. 1,2,1   D. 2,1,1

5. 下面程序的功能是从键盘输入的一组字符中统计出大写字母的个数 m 和小写字母
的个数 n,并输出 m 和 n 中的较大者,请选择填空。

```
# include < stdio. h >
  main()
```

```
{int m = 0, n = 0;
char c;
while ((  【1】  ) != '\n')
    {if(c >= 'A' && c <= 'Z') m++;
    if(c >= 'a' && c <= 'z') n++;}
printf("%d\n", m < n?  【2】  );
}
```

【1】 A. c=getchar( )　　 B. getchar( )　　 C. c=getchar( )　　 D. scanf("%c", c)

【2】 A. n：m　　　 B. m：n　　　 C. m：m　　　 D. n：n

6. 下面程序的功能是在输入的一批正整数中求出最大值,输入 0 结束循环,请选择填空。

```
#include < stdio.h>
main( )
{int a, max = 0;
 scanf("%d", &a);
 while(_____)
 {if(max < a) max = a;
 scanf("%d", &a);}
 printf("%d", max);
}
```

A. a==0　　　 B. a　　　 C. !a==1　　　 D. !a

7. C 语言中 while 和 do…while 循环的主要区别是 _____。

A. do…while 的循环体至少无条件执行一次,while 的循环体可能一次也不执行

B. while 的循环控制条件比 do…while 的循环控制条件严格

C. do…while 允许从外部转到循环体内

D. do…while 的循环体不能是复合语句

8. 下面程序的功能是计算正整数 2345 的各位数字的平方和,请选择填空。

```
#include < stdio.h>
main()
{ int n, sum = 0;
 n = 2345;
 do {sum = sum +  【1】  ;
     n =  【2】  ;
     }while(n);
 printf("sum = %d", sum);
}
```

【1】 A. n%10　　　　　　　　　　 B. (n%10) * (n%10)

　　 C. n/10　　　　　　　　　　　 D. (n/10) * (n/10)

【2】 A. n/1000　　 B. n/100　　　 C. n/10　　　 D. n%10

9. 若运行以下程序时,从键盘输入 ADescriptor <CR>(<CR>表示回车),则下面程序的运行结果是_____。

```
#include < stdio.h>
```

```
main()
{char c;
int v0 = 0,v1 = 0,v2 = 0;
do{switch(c = getchar())
    {case 'a':case 'A':
     case 'e':case 'E':
     case 'i':case 'I':
     case 'o':case 'O':
     case 'u':case 'U':v1 += 1;
     defaule:v0 = v0 + 1;v2 += 1;
    }
}while(c!= '\n');
printf("v0 = % d,v1 = % d,v2 = % d\n",v0,v1,v2);
}
```

　　A. v0＝7,v1＝4,v2＝7 　　　　　　　　B. v0＝8 ,v1＝4，v2＝8

　　C. v0＝11,v1＝4,v2＝11 　　　　　　　D. v0＝12,v1＝4,v2＝12

10. 对 for(表达式1；；表达式3)可理解为_____。

　　A. for(表达式1；0；表达式3)　　　　B. for(表达式1；1；表达式3)

　　C. for(表达式1；表达式1；表达式3)　　D. for(表达式1；表达式3；表达式3)

11. 下面程序段的功能是将从键盘输入的偶数写成两个素数之和。请选择填空。

```
# include < stdio. h>
# include < math. h>
main( )
{ int a,b,c,d;
scanf(" % d",&a);
for(b = 2;b <= a - 1;b++)
      {for(c = 2;c <= b - 1;c++)
        if(b % c == 0)break;
    if(c > sqrt(b))
        { d = _____;
        for(c = 2;c <= d - 1;c++)
            if(d % c == 0)break;
        if(c > sqrt(d))
            {printf(" % d = % d + % d\n",a,b,d);
             break;
            }
}}}
```

　　A. a＋b　　　　　B. a－b　　　　　　C. a * b　　　　　D. a/b

二、填空题

1. 下面程序的功能是从键盘输入的字符中统计数字字符的个数,用换行符结束循环。请填空。

```
int n = 0,c;
c = getchar( );
while( 【1】 )
  {if ( 【2】 ) n++;
   c = getchar( );
}
```

2. 下面程序的功能是用公式 $\frac{\pi^2}{6} \approx \frac{1}{1^2} + \frac{1}{2^2} + \frac{1}{3^2} + \cdots + \frac{1}{n^2}$,求 π 的近似值,直到最后一项

的值小于 10^{-6} 为止。请填空。

```
# include < stdio. h>
# include < math. h>
main( )
{long i = 1;
  【1】  pi = 0;
while (i * i < = 10e + 6) {pi =  【2】  ;i++;}
pi = sqrt(6.0 * pi);
printf("pi = % 10.6f\n",pi);
}
```

3. 有 1020 个西瓜,第一天卖掉一半多两个,以后每天卖掉剩下的一半多两个,问几天以后能卖完? 请填空。

```
# include < stdio. h>
 main( )
{int day,x1,x2;
day = 0;x1 = 1020;
while (  【1】  ) {x2 =  【2】  ;x1 = x2;day++;}
printf("day = % d\n",day);
}
```

4. 下面程序的功能是用"辗转相除法"求两个正整数的最大公约数,请填空。

```
# include < stdio. h>
main( )
    {int r,m,n;
     scanf(" % d % d",&m,&n);
     if(m < n)  【1】  ;
     r = m % n;
     while(r){m = n;n = r; r =  【2】  ;}
     printf(" % d\n",n);
  }
```

5. 鸡兔共有 30 只,脚共有 90 只,下面程序段是计算鸡兔共有多少只,请填空。

```
for(x = 1;x < = 29;x++)
    {y = 30 - x;
     if(_____) printf(" % d, % d\n",x,y);
}
```

6. 下面程序的功能是计算 $1-3+5-7+\cdots-99+101$ 的值,请填空。

```
# include < stdio. h>
main( )
  {int i,s = 0,sgn = 1;
   for(i = 1;i < = 101;i += 2)
     {s = s + sgn * i;_____;}
printf(" % d\n",s);
}
```

7. 以下程序是用梯形法求 $\sin(x) * \cos(x)$ 的定积分。求定积分的公式为:

$$s = \frac{h}{2}[f(a) + f(b)] + h\sum_{i=1}^{n-1} f(x_i)$$

其中,$x_i = a + ih, h = (b-a)/n$。

设 $a=0, b=1.2$ 为积分上限,积分区间分割数 $n=100$,请填空。

```
# include < stdio.h>
# include < math.h>
main()
  { int i,n;double  h ,s, a, b;
  printf("input a,b: ");
  scanf("%1f%1f",   【1】   );
  n = 100;h =   【2】   ;
  s = 0.5 * (sin(a) * cos(a) + sin(b) * cos(b));
  for(i = 1;i < = n - 1;i++)s += _____【3】_____ ;
 s * = h;
 printf("s = %10.41f\n",s);
}
```

8. 以下程序的功能是根据公式 $e = 1 + \frac{1}{1!} + \frac{1}{2!} + \frac{1}{3!} + \frac{1}{4!} + \cdots$ 求 e 的近似值,精度要求为 10^{-6}。请填空。

```
# include < stdio.h>
main( )
{int i;double e,new;
  ___【1】___ ;new = 1.0;
  for(i = 1;  【2】  ;i++)
    {new = new/(double)i;e = e + new;
      }
}
```

9. 下面程序的功能是求 1000 以内的所有完全数。请填空(一个数如果恰好等于它的因子(除自身外)之和,则该数为完全数,如 $6 = 1 + 2 + 3$,6 为完全数)。

```
# include < stdio.h>
main()
{int a ,i, m;
for(a = 1;a < = 1000;a++)
  {for( 【1】  ;i < = a/2;i++) if(!(a % i))  【2】  ;
  if(m == a) printf("%4d",a);
  }
}
```

10. 下面程序的功能是完成用 1000 元人民币换成 10 元、20 元、50 元的所有兑换方案。请填空。

```
# include < stdio.h>
main( )
{int i,j,k,L = 1;
```

```
for(i = 0;i < = 20;i++)
  for(j = 0;j < = 50;j++)
    {k =  【1】  ;
      if(  【2】  )
        {printf("  %2d   %2d   %2d  ",i,j,k);
          L = L + 1;
          if(L%5 == 0)printf("\n");
        }
    }
}
```

三、编程题

1. 输入一行字符,分别统计出其中英文字母、空格、数字和其他字符的个数。

2. 输入两个正整数 m 和 n,求其最大公约数和最小公倍数。

3. 求 $\sum\limits_{n=1}^{20}$ (即求 $1!+2!+3!+\cdots+20!$)。

4. 打印出所有的"水仙花数",所谓"水仙花数"是指一个 3 位数,其各位数字立方和等于该数本身。例如,153 是一个水仙花数,因为 $153=1^3+5^3+3^3$。

5. 一个数如果恰好等于它的因子(不含本身)之和,这个数就称为"完全数"。例如,6 的因子是 1,2,3,而 $6=1+2+3$,因此 6 是"完全数"。编一个程序,找出 1000 之内的所有完全数。

6. 有一分数数列

$$\frac{2}{1},\frac{3}{2},\frac{5}{3},\frac{8}{5},\frac{13}{8},\frac{21}{13},\cdots$$

求出这个数列的前 20 项之和。

7. 用牛顿迭代法求下面方程在 1.5 附近的根。

$$2x^3-4x^2+3x-6=0$$

说明:用牛顿迭代法求方程 $f(x)=0$ 的根的近似值:$X_{k+1}=X_k-f(X_k)/f'(X_k)$,$k=0$,$1,2,\cdots$ 当 $|X_{k+1}-X_k|$ 的值小于 10^{-6} 时,X_k+1 为方程的近似根。

5.4 实验题

一、编写程序,求累加和

• 实验要求

求 $\sum\limits_{n=1}^{100}n$,并输出结果。

(用 while 语句、do…while 语句实现 1 到 100 的累加。注意两种循环的区别)

• 算法分析

定义变量 sum 记录 1 到 100 的累加和,sum 初值为 0。变量 n 初值为 1,用 sum = sum + n 实现累加,每次加完后,使 n = n + 1,重复 sum = sum + n 和 n = n + 1,直到 n = 100 为止。算法如图 5-1 所示。

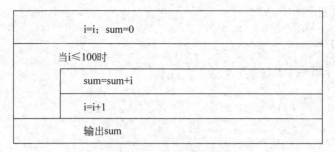

i=i; sum=0		
当i≤100时		
	sum=sum+i	
	i=i+1	
输出sum		

图 5-1　求累加和的算法

二、编写程序,求两个数的最大公约数和最小公倍数

- **实验要求**

输入两个正整数 m 和 n,求它们的最大公约数和最小公倍数。

- **算法分析**

最大公约数:既能被 m 整除又能被 n 整除的最大整数 k,k 的范围为 1～m 与 n 的较小数。

最小公倍数:既能整除 m 又能整除 n 的最小整数 k,k 的范围为 m 与 n 的较大数～m∗n。

实际上,最小公倍数＝m∗n/最大公约数。

最大公约数的另一种求法是"欧几里得法",也叫"辗转相除法"。用 r 表示余数,r＝m％n,如果 r 不为 0,则"m＝n;n＝r;",再次求 r＝m％n,重复以上步骤,直到 r＝0 时停止,此时 n 为最大公约数。

用"辗转相除法"求 m 和 n 最大公约数和最小公倍数代码如下(完善以下代码):

```
main( )
{int   p,r,n,m,k;
scanf(" % d, % d",&m,&n);
p＝m∗n      /∗保存m∗n的积,以便求最小公倍数时使用∗/
r＝m％n;
while(_____)     /求 m 和 n 的最大公约数∗/
    {_____;
     _____;
     _____;
    }
printf("它们的最大公约数为: % d\n",_____);
 k＝_____;
printf("它们的最小公倍数为: % d\n",k );
}
```

- **程序调试**

在运行时,先输入 m＞n 的值,观察结果是否正确。再输入 m＜n 的值,观察结果是否正确。

三、编程统计不同字符个数

- **实验要求**

输入一行字符,分别统计出其中的英文字母、数字和其他字符的个数,并输出它们的值。

- 算法分析

用一个 for 循环控制字符串中的每个字符,变量 c 存放字符串中的某个字符,判断 c 的值如果是英文字母则符合条件 $c>='a'$ && $c<='z'$ || $c>='A'$ && $c<='Z'$。如果为数字字符则满足条件 $c>='0'$ && $c<='9'$。

要求:

在得到正确结果后,请修改程序使之能分别统计大小写字母、空格、数字和其他字符的个数。

四、编写程序,用牛顿迭代法求方程根

- 实验要求

用牛顿迭代法求方程 $2x^3-4x^2+3x-6=0$ 在 0.5 附近的根。

- 算法分析

设要求解的方程为 $f(x)=0$,并已知一个不够精确的初始根 x_0,则有:

$$X_{n+1}=X_n-f(X_n)/f'(X_n) \quad n=1,2,3,\cdots$$

上式称为牛顿迭代公式。式中,$f'(x)$ 是 $f(x)$ 的一阶导函数。利用迭代公式,可以依次求出 x_1,x_2,x_3 等,当 $|x_{n+1}-x_n|\leqslant\varepsilon$ 时的 x_{n+1} 即为要求的根。

- 调试程序

请输入 x 的初始值:0.5   结果是:0.5671433

五、编写程序,用二分法求方程根

- 实验要求

用二分法求方程 $x^3-x^4+4x^2-1=0$ 在区间 $[0,1]$ 上的一个实根。

- 算法分析

若方程 $f(x)=0$ 在区间 $[a,b]$ 上有一个实根,则 $f(a)$ 与 $f(b)$ 必然异号,即 $f(a)*f(b)<0$;设 $c=(a+b)/2$,若 $f(a)*f(c)>0$,则令 $a=c$,否则令 $b=c$。当 $b-c$ 的绝对值小于或等于给定误差要求时,c 就是要求的根。

六、编写程序,求级数的值

- 实验要求

输入 x 的值,求下列级数的值:

$$y = x + \frac{x^2}{2!} + \frac{x^3}{3!} + \cdots + \frac{x^n}{n!} + \cdots \quad (n = 1,2,3,\cdots)$$

当第 n 项小于等于 10^{-6} 时,停止累加。

- 算法分析

对于一个确定的 x 值,随着 n 的增大,通项 $\frac{x^n}{n!}$ 的值逐渐减小,当通项的值小于等于 10^{-6} 时,则不再累加。因为无法预测要累加多少项,因此用 do…while 循环解决较合适。

- 调试程序

输入 x:3   输出结果:19.08554

七、编写程序,统计单词个数

- 实验要求

输入一串字符文本,找出所有单词并统计单词的个数。假设字符文本中只包含字母和

空格,单词之间以空格分开。

- **算法分析**

因为一个或多个连续的空格作为单词之间的分隔符,所以第一个非空格字符是一个单词的开始,而其后出现的第一个空格是单词的末尾,这两个空格之间的字符即为一个单词。

- **调试程序**

输入:You are a good student   输出结果:5

八、加密解密

- **实验要求**

分别将字母 A 到 Z、a 到 z 围成一圈,设原文或密文由大小写英文字母组成,编写程序,将原文加密或将密文解密。加密和解密规则方法如下。

原文→密文的过程:将原文中的每个字符后面第 3 个字符作为密文字符,倒序后成密文。如原文是 AByz,则密文是 cbED。

密文→原文的过程:将密文中的每个字符前面第 3 个字符作为原文字符,倒序后成原文。如密文是 cbED,则原文是 AByz。

- **算法分析**

将 a 到 z 围成一圈后,z 后面的字符是 a。同理将 A 到 Z 围成一圈后,Z 后面的字符是 A。加密时,a 后面的第 3 个字符是 d,…,z 后面的第 3 个字符是 c;A 后面的第 3 个字符是 D,…,Z 后面的第 3 个字符是 C。

九、编写程序,求勾股数

- **实验要求**

求出 100 以内的勾股数。

所谓勾股数,是指满足条件 $a^2 + b^2 = c^2$ ($a \neq b$)的自然数。

- **算法分析**

用"穷举法"分别搜索 a,b,c 在 1~100 之间满足条件的值,采用循环嵌套形式。算法如图 5-2 所示。

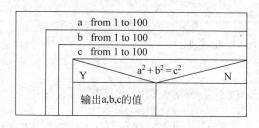

图 5-2   求勾股数的算法

十、编写程序,找三位水仙花数

- **实验要求**

找出所有的三位水仙花数。所谓水仙花数,是指各位数字的立方和等于该数本身的数。

• **算法分析**

算法如图 5-3 所示。

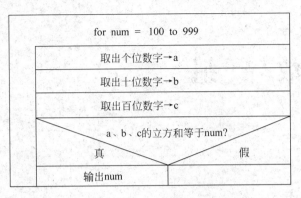

图 5-3 找水仙花数的算法

第 **6** 章

数　组

6.1　知识要点

6.1.1　数组的概念

数组是一种构造数据类型，即由基本类型数据按照一定的规则组合而成的类型。它是由一组相同类型的数据组成的序列，该序列使用一个统一的名字来标志。

6.1.2　一维数组的定义和引用

1. 一维数组的定义

一维数组的定义形式如下：

类型说明符　数组名[常量表达式];

例如，"int a[5];"定义一个包含 5 个元素的一维数组，最小下标是 0，最大下标是 4，包括 a[0]、a[1]、a[2]、a[3]和 a[4]共 5 个元素。

2. 一维数组元素的引用

一维数组元素的表示形式如下：

数组名[下标]

例如，a[1]表示 a 数组中的第 2 个元素。

3. 一维数组的初始化

可以在定义数组时为所包含的数组元素赋初值，如：

int a[6] = {0,1,2,3,4,5};

则 a[0]=0，a[1]=1，a[2]=2，a[3]=3，a[4]=4，a[5]=5。

C 语言规定可以通过赋初值来定义数组的大小，这时"[ ]"内可以不指定数组大小。

6.1.3　二维数组的定义和引用

1. 二维数组的定义

类型说明符　数组名[常量表达式][常量表达式];

2. 二维数组的引用

二维数组元素的表示形式如下：

数组名[下标][下标]

例如，"float b[3][4];"定义一个 3 行 4 列的二维数组，第一个数组元素是 a[0][0]，最后一个数组元素是 a[2][3]，共包含 3×4＝12 个元素。

注意：数组的下标可以是整型表达式；数组元素可以出现在表达式中。

3. 二维数组的初始化

可以在定义的时候赋初值，如：

float b[2][3] = {{1,2,3},{4,5,6}};

则第一行的值是 1,2,3；第二行的值是 4,5,6。

C 语言规定可以通过赋初值来定义数组的大小，对于二维数组，只可以省略第一个方括号中的常量表达式，而不能省略第二个方括号中的常量表达式。如：

int a[ ][3] = {{1,2,3},{4,5},{6},{8}};

在所赋初值中，含有 4 个花括号，则第一维的大小由花括号的个数决定。因此，该数组其实是与 a[4][3]等价的。再如：

int c[ ][3] = {1,2,3,4,5};

第一维的大小按以下规则决定：

(1) 当初值的个数能被第二维的常量表达式的值除尽时，所得的商数就是第一维的大小。

(2) 当初值的个数不能被第二维的常量表达式的值除尽时，则第一维的大小＝所得商数＋1。

因此，以上 c 数组的第一维的大小应该是 2，也就是等同于"int c[2][3]＝{1,2,3,4,5};"。

6.1.4 字符数组的定义和引用

1. 字符数组的定义

字符数组就是数组中的每个元素都是字符型数据。

2. 字符数组的初始化及引用

(1) 用字符型数据对数组进行初始化。如：

char a[5] = {'C', 'h', 'i', 'n', 'a'};

(2) 用字符串常量直接对数组初始化。如：

char a[6] = "China";

初始化时，系统在字符串尾自动加上'\0'作为字符串结束标志，即 a[5]＝ '\0'。

(3) 引用一维数组名，可以代表字符串。如对于(2)中定义的数组 a，以下语句：

printf("%s",a);

则输出：China

6.2 例题分析与解答

一、选择题

1. 若有定义"int a[10]；"，则对 a 数组中元素的引用正确的是_____。

A. a[10]　　　　B. a[3.5]　　　　C. a(5)　　　　D. a[0]

分析：从数组定义可知，数组元素只能从 a[0] 到 a[9]，所以选项 A 是错误的。在引用数组元素时，数组元素的下标只能是整型表达式，故选项 B 是错误的。对数组元素引用时，整型表达式只能放在一对方括号中，不能用圆括号，故选项 C 是错误的。因数组元素的最小下标默认为 0，所以选项 D 是正确的。

答案：D

2. 合法的数组定义语句是_____。

A. int　a[　]＝"string";　　　　B. int　a[5]＝{0,1,2,3,4,5};

C. char　a＝"string";　　　　D. int　a[　]＝{0,1,2,3,4,5};

分析：A 中定义的数组类型和赋值类型不一致，所以不正确。B 中赋初值的个数超出数组大小，不正确。C 中字符型的变量只能存放一个字符，不能存储字符串。D 中 a 数组的大小是由初值个数决定的，故大小为 6，是正确的。

答案：D

3. 若有以下语句，则描述正确的是_____。

```
char  x[ ] = "12345";
char  y[ ] = {'1','2','3','4','5'};
```

A. x 数组和 y 数组的长度相同　　　　B. x 数组长度大于 y 数组的长度

C. x 数组长度小于 y 数组的长度　　　　D. x 数组等价于 y 数组

分析：由于语句"char x[ ]= "12345";"说明是字符型数组并进行初始化，按照对字符串处理的规定，在字符串的末尾自动加上结束标记'\0'，因此数组的长度是 6；而数组 y 是按照字符方式对数组进行初始化的，VC++ 6.0 系统不会自动加字符串结束标记'\0'，所以 y 的长度是 5。

答案：B

4. 已知"int a[ ][3]＝{1,2,3,4,5,6,7};"，则数组 a 的第一维的大小是_____。

A. 2　　　　B. 3　　　　C. 4　　　　D. 无确定值

分析：由于数组定义中已给出了列的大小，因此根据初始化数据，"1,2,3"构成数组的第一行，"4,5,6"构成数组的第二行，"7"构成数组的第三行(不足部分补 0)，所以数组第一维大小为 3。

答案：B

5. 若二维数组 a 有 m 列，则在 a[i][j]之前的元素个数为_____。

A. j＊m＋i　　　　B. i＊m＋j　　　　C. i＊m＋j−1　　　　D. i＊m＋j＋1

分析：二维数组在内存中是按照行优先的顺序存储的，且下标的起始值为 0，因此在

a[i][j]之前的元素有 i * m+j 个。

　　答案：B

　　6. 在 C 语言中,引用数组元素时,其数组下标的值允许是_____。

　　　　A. 实型常量　　　　　B. 字符串　　　　　C. 整型表达式　　　D. 负数

　　分析：C 语言规定,下标可以是整型表达式,故答案是 C。

　　答案：C

　　7. 以下能对一维数组 a 进行初始化的语句是_____。

　　　　A. int a[5]＝(0,0,0,0,0);　　　　　　　　　B. int a[5]＝[0,0,0,0,0];

　　　　C. int a[ ]＝{0,0,0,0,0};　　　　　　　　　D. int a[5]＝{5 * 0};

　　分析：对数组初始化,将元素的初值依次放在一对花括号内,故 A、B 错。如果全部元素初值为 0,可以写成 int a[5]＝{0,0,0,0,0},而不能写成 int　a[5]＝{5 * 0};故 D 错。

　　答案：C

　　8. 以下能对二维数组 a 进行正确初始化的语句是_____。

　　　　A. int a[2][]＝{{1,0,1},{5,2,3}};　　　　　B. int a[][3]＝{{1,2,3},{4,5,6}};

　　　　C. int a[][3]＝{{1,0,1}{ },{1,1}};　　　　　D. int a[2][4]＝{1,2,3},{4,5},{6};

　　分析：A 中 int a[2][] 定义错误;C 初始化的花括号中少一个逗号;选项 D 中少一个花括号;B 中 a 数组由 2 行 3 列的数组元素组成,正确。

　　答案：B

二、填空题

　　1. 在 C 语言中,一维数组的定义方式为:类型说明符　数组名_____。

　　分析：本题考查一维数组的定义。注意,不能把数组的定义与数组元素的引用混为一谈。一维数组的定义为"类型名　数组名[常量表达式];",而引用数组元素时,数组元素的下标可以是整型表达式,二者要严格区别。

　　答案：[常量表达式]

　　2. 下面程序的运行结果是_____。

```
char  c[5] = {'a', 'b', '\0', 'c', '\0'};
printf(" % s",c);
```

　　分析：由于字符数组 c 的元素 c[2] 中保存的是字符'\0'(串结束标记),因此将数组 c 作为字符串处理时,遇到字符'\0'输出就结束。

　　答案：ab

　　3. 阅读程序,写出执行结果_____。

```
# include < stdio. h>
main( )
{ char  str[30];
  scanf(" % s",str);
  printf(" % s",str);
}
```

　　运行程序,输入:

Fortran Language

分析：在 scanf( )函数中,使用空格作为分隔符,如果输入含有空格的字符串,则不能使用 scanf( )函数。

答案：Fortran

6.3　测试题

一、选择题

1. 设有数组定义"char array[ ]="China";",则数组 array 所占的空间为_____。

　　A. 4 个字节　　　　　B. 5 个字节　　　　　C. 6 个字节　　　　　D. 7 个字节

2. 以下程序的输出结果是_____。

```
# include  < stdio. h>
main()
{int x,a[ ] = {1,2,3,4,5,6,7,8,9};
int i,s = 0;
 for(i = 3;i < 7;i = i + 2)s = s + a[i];
 printf(" % d\n",s);
}
```

　　A. 10　　　　　　　B. 18　　　　　　　C. 8　　　　　　　D. 15

3. 当执行下面的程序时,如果输入 ABC<CR>(CR 代表回车符),则输出结果是_____。

```
# include < stdio. h>
# include < string. h>
main( )
{char ss[10];
gets(ss);strcat(ss, "6789");printf(" % s\n",ss);
}
```

　　A. ABC6789　　　　B. ABC67　　　　C. 12345ABC6　　　D. ABC456789

4. 对以下说明语句理解正确的是_____。

```
int  a[10] = {6,7,8,9,10};
```

　　A. 将 5 个初值依次赋给 a[1]到 a[5]

　　B. 将 5 个初值依次赋给 a[0]到 a[4]

　　C. 将 5 个初值依次赋给 a[6]到 a[10]

　　D. 因为数组大小与初值的个数应该一致,因此此语句不正确

5. 程序运行后的输出结果是_____。

```
# include  < stdio. h>
main( )
{int a[10] = {1,2,3,4,5,6,7,8,9,10},i,t,j;
for(i = 0;i < = 9;i++)
    for(j = i + 1;j < 10;j++)
        if(a[i]< a[j])  {t = a[i];a[i] = a[j];a[j] = t;}
```

第6章　数组　63

```
for(i = 0;i < 10;i++)
    printf("%d,",a[i]);
printf("\n");
}
```

  A. 1,2,3,4,5,6,7,8,9,10,   B. 10,9,8,7,6,5,4,3,2,1,

  C. 1,2,3,8,7,6,5,4,9,10   D. 1,2,10,9,8,7,6,5,4,3

6. 以下程序的运行结果是_____。

```
#include < stdio.h>
main( )
{int a[10] = {1,2,3,4,5,6,7,8,9,10},i,t;
for(i = 0;i < 5;i++){t = a[i];a[i] = a[9 - i];a[9 - i] = t;}
for(i = 0;i < 10;i++)
    printf("%d ",a[i]);
}
```

  A. 1,2,3,4,5,6,7,8,9,10

  B. 2,3,4,5,6,7,8,9,10,1

  C. 10,9,8,7,6,5,4,3,2,1

  D. 1,2,3,4,5,9,8,7,6,10

7. 若有定义"int　a[ ][4]={0,0};",则下面叙述不正确的是_____。

  A. 数组 a 的每个元素都可得到初值 0

  B. 二维数组 a 的第一维大小为 1

  C. 因为二维数组 a 中初值的个数不能被第二维大小的值整除,则第一维的大小等于所得商数再加 1,故数组 a 的行数为 1

  D. 只有元素 a[0][0]和 a[0][1]可得到初值 0,其余元素均得不到初值 0

8. 下列程序执行后的输出结果是_____。

```
#include < string.h>
#include < stdio.h>
main( )
{char arr[2][4];
strcpy(arr[0],"you");strcpy(arr[1], "me" );
arr[0][3] = '&';
printf("%s\n",arr);
}
```

  A. you&me B. you C. me D. err

9. 判断字符串 s1 是否大于字符串 s2,应当使用_____。

  A. if(s1>s2)   B. if(strcmp(s1,s2))

  C. if(strcmp(s2,s1)>0) D. if(strcmp(s1,s2)>0)

10. 当运行以下程序时,从键盘输入"AhaMA[空格]Aha<回车>",则下面程序的运行结果是_____。

```
#include < stdio.h>
main( )
```

```
{char  s[80],c = 'a';
int i = 0;
scanf(" % s",s);
while(s[i]!= '\0')
  {if(s[i] == c) s[i] = s[i] – 32;
   else if(s[i] == c – 32) s[i] = s[i] + 32;
   i++;
   }
   puts(s);
}
```

  A. ahAMa   B. AhAMa   C. AhAMa ahA   D. ahAMa ahA

11. 下述对 C 语言字符数组的描述中错误的是_____。

  A. 字符数组可以存放字符串

  B. 对数组中的字符串可以整体输入输出

  C. 在赋值语句中可以通过赋值运算符"="对字符数组进行整体赋值

  D. 不可以用关系运算符对字符串进行比较

12. 若有以下程序段：

```
…
int a[] = {4,0,2,3,1},i,j,t;
for(i = 1;i < 5;i++)
{t = a[i];j = i – 1;
 while(j > = 0 && t > a[j])
   {a[j + 1] = a[j];j -- ;}
}
…
```

该程序段的功能是_____。

  A. 对数字 a 进行插入排序(升序)   B. 对数组 a 进行插入排序(降序)

  C. 对数组 a 进行选择排序(升序)   D. 对数组 a 进行选择排序(降序)

13. 下面描述正确的是_____。

  A. 两个字符串所包含的字符个数相同时,才能比较字符串

  B. 字符个数多的字符串比字符个数少的字符串大

  C. 字符串"STOP"与"stop"相等

  D. 字符串"That"小于字符串"The"

14. 下面程序_____(每行前面的数字表示行号)。

```
#1   # include "stdio. h"
#2   {int a[3] = {0},i;
#3   for(i = 0;i < 3;i++)scanf(" % d",&a[i]);
#4   for(i = 0;i < 4;i++)a[0] = a[0] + a[i];
#5     printf(" % d\n",a[0]); }
```

  A. 没有错误   B. 第 3 行有错误   C. 第 4 行有错误   D. 第 5 行有错误

15. 下面程序的功能是从键盘输入一行字符,统计其中有多少个单词,单词之间用空格分隔。请选择填空。

```
# include "stdio. h"
```

```
main()
{char s[80],c1,c2;
int i = 0,num = 0;
gets(s);
while(s[i]!= '\0')
{c1 = s[i];
if(i==0)c2 = ' ';
else c2 = s[i-1];
if(_____)num++;
i++;
}
printf(" %d\n",num);
}
```

A. c1!=' '&&c2==' '   B. c1==' '&&c2==' '
C. c1!=' '&&c2!=' '   D. c1==' '&&c2!=' '

16. 下面程序的功能是将字符串 s 中的所有字符'c'删除。请选择填空。

```
#include <stdio.h>
main()
{char s[80];
int  i,j;
gets(s);
for(i=j=0;s[i]!= '\0';i++)
    if(s[i]!= 'c')_____;
    s[j] = '\0';
    puts(s);
}
```

A. s[j++]=s[i]   B. s[++j]=s[i]
C. s[j]=s[i];j++   D. s[j]=s[i]

二、填空题

1. 在 C 语言中,二维数组元素在内存中的存放顺序是_____。

2. 若有定义：double x[3][5];则 x 数组中行下标的下限为 【1】,列下标的上限为 【2】。

3. 若有定义"int a[3][4]={{1,2},{0},{4,6,8,10}};",则初始化后,a[1][2]得到的初值是 【1】,a[2][1]得到的初值是 【2】。

4. 下面程序将二维数组 a 的行和列元素互换(矩阵转置)后存到另一个二维数组 b 中。请填空。

```
main()
{int a[2][3] = {{1,2,3},{4,5,6}};
int b[3][2],i,j;
for (i = 0;i <= 1;i++)
    {for(j=0; 【1】 ;j++)
        {printf(" %5d",a[i][j]);
             【2】 ;}
    printf("\n");}
```

```
    }
    printf("array  b:\n");
    for(i = 0;  【3】   ;i++)
        {for(j = 0;j <= 1;j++)
            printf("% 5d",b[i][j]);
        printf("\n");}
}
```

5. 下面程序用"快速顺序查找法"查找数组 a 中是否存在某个数。请填空。

```
main( )
{int a[5] = {25,57,34,56,12};
int i,x;
scanf("% d",&x);
for(i = 0;i < 5;i++)
    if (x == a[i])
        {printf("Found! \n");  【1】  ;      }
if (  【2】  )printf("Can't  found! ");
}
```

6. 下面程序用插入法对数组 a 中的数据进行降序排序,请补齐其中的空白处。

```
main()
{int  a[5] = {4,7,2,5,1};
int i,j,m;
for (i = 1;i < 5;i++)
    {m = a[i];j =  【1】  ;
    while(j >= 0 && m > a[j])
        {  【2】  ;
         j -- ;
        }
         【3】  = m;
    }
for(i = 0;i < 5;i++)
    printf("% d",a[i]);
printf("\n");
}
```

7. 程序用"两路合并法"把两个已按升序排列的数组合并成一个升序数组。请填空。

```
main()
{int a[3] = {5,9,19};
int  b[5] = {12,24,26,34,56};
int  c[8],i = 0,j = 0,k = 0;
while(i < 3 && j < 5)
    if(  【1】  )
        {c[k] = b[j];k++;j++;}
else
    {c[k] = a[i];k++;i++;}
while(  【2】  )
    {c[k] = a[i];i++;k++;}
while(  【3】  )
```

```
    {c[k] = b[j];k++;j++;}
for(i = 0;i < k;i++)
    printf(" % 3d",c[i]);
}
```

8. 若有以下输入(_代表空格符,<CR>代表回车符),则下面程序的运行结果是_____。

```
1_2_3_4_5_6<CR>
# include "stdio. h"
main()
{int a[6],i,j,k,m;
for(i = 0;i < 6;i++)
    scanf(" % d",&a[i]);
for(i = 5;i > = 0;i--)
    { k = a[5];
      for(j = 4;j > = 0;j--)
        a[j + 1] = a[j];
      a[0] = k;
      for(m = 0;m < 6;m++)
          printf(" % d ",a[m]);
      printf("\n");
    }
}
```

9. 下面程序段的运行结果是_____。

```
char  ch[ ] = "600";
int   a,s = 0;
for(a = 0;ch[a] > = '0' && ch[a] < = '9';a++)
    s = 10 * s + ch[a] - '0';
printf(" % d",s);
```

10. 下面程序的功能是在一个字符数组中查找一个指定的字符,若数组含有该字符则输出该字符在数组中第一次出现的位置(下标值);否则输出−1。请填空。

```
# include < stdio. h>
# include < string. h>
main()
{char c = 'a',t[5];
int n,k,j;
gets(t);
n = 【1】 ;
for(k = 0;k < n;k++)
    if( 【2】 ){j = k;break;}
    else j = - 1;
printf(" % d",j);
}
```

11. 下面程序的功能是在三个字符串中找出最小的。请填空。

```
# include < stdio. h>
# include < string. h>
```

```
main()
{char s[20],str[3][20];
int i;
for (i = 0;i < 3;i++) gets(str[i]);
strcpy(s, 【1】  );
if(strcom(str[1],s)< 0) 【2】  ;
if(strcom(str[2],s)< 0) strcpy(s,str[2]);
printf("%s\n", 【3】  );
}
```

三、编程题

1. 求 Fibonacci 数列的前 20 项(数列的前两项分别是 1,从第三项开始每一项都是前两项的和。如 1,1,2,3,5,8,…)。

2. 用三种方法对 10 个数由小到大排序。

3. 找出 100 以内的所有素数,存放在一维数组中,并将所找到的素数按每行 10 个的形式输出。

4. 设有一个二维数组 a[5][5],试编程计算:

(1) 所有元素的和。

(2) 所有靠边元素之和。

(3) 两条对角线元素之和。

5. 按金字塔形状打印杨辉三角形。

6. 有一个 4 行 5 列的矩阵,求出矩阵的行的和为最大与最小的行,并调换这两行的位置。

7. 求一个 n×n 阶的矩阵 A 的转置矩阵 B(一个矩阵的对应的行列互换后即为该矩阵的转置矩阵)。

8. 输入一行字符串,统计其中有多少个单词,单词之间用空格分隔开。

9. 找出一个二维数组中的马鞍点,即该位置上的数在该行最大,在该列最小,也可能没有马鞍点。

10. 有 10 个数,按由大到小的顺序存放在一个数组中,输入一个数,要求用折半查找法找出该数是数组中的第几个数。如果该数不在数组中,则打印出"无此数"。

11. 有三行英文,每行有 60 个字符。要求分别统计出其中英文大写字母、英文小写字母、数字、空格和其他字符的个数。

12. 编程打印 N(N 为奇数)阶魔方阵。

魔方阵是有 $1 \sim N^2$ 个自然数组成的奇次方阵,方阵的每一行、每一列及两条对角线上的元素和相等。魔方阵的编排规律如下:

(1) 1 放在最后一行的中间位置。即 I=N,J=(N+1)/2,A(I,J)=1。

(2) 若 I+1>N,且 J+1≤N,则下一个数放在第一行的下一列位置。

(3) 若 I+1≤N,且 J+1>N,则下一个数放在下一行的第一列位置。

(4) 若 I+1>N,且 J+1>N,则下一个数放在前一个数的上方位置。

(5) 若 I+1≤N,J+1≤N,但右下方位置已存放数据,则下一个数放在前一个数的上方。

(6) 重复步骤(1),直到 N^2 个数都放入方阵中。

下面是一个 3 阶魔方阵的示例:

4	9	2
3	5	7
8	1	6

13. 编写一个程序,将两个字符串连接起来,不要用 strcat 函数。

14. 编写一个程序,将字符数组 s2 中的全部字符复制到字符数组 s1 中。不用 strcpy 函数。复制时,'\0'后面的字符不复制。

6.4 实验题

一、求最大值和最小值

• 实验要求

编写程序,输入 10 个数,找出其中的最大值和最小值。

• 算法分析

设变量 max1 和 min1 分别存放最大值和最小值。首先将 10 个数存放在 a 数组中,将 a[0]分别赋给 max1 和 min1,然后将 a[1]~a[9]的值依次与 max1 和 min1 进行比较,如果发现某个元素大于 max1,将其赋给 max1;如果发现某个元素小于 min1,将其赋给 min1。全部比较结束后,max1 和 min1 的数值就是这 10 个数中的最大值和最小值,如图 6-1 所示。

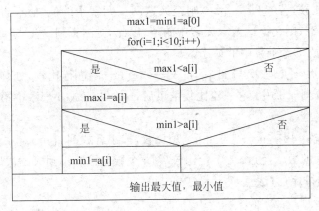

图 6-1 实验一的算法

二、一维数组排序(方法一)

• 实验要求

编写程序,用起泡法将 10 个数从小到大排序。

• **算法分析**

将相邻的两个数进行比较,将小的调到前面。如果有 n 个数,则要进行 n−1 轮比较。在第 1 轮比较中要进行 n−1 次相邻的两个数比较,将最大的数调到最后位置。在第 2 轮比较中要进行 n−2 次比较,最后一个数不参加比较,比较范围从第 1 个数开始到第 n−1 个数结束。比较结果是第二大的数调到倒数第 2 个位置,以此类推,比较范围缩小到只有 1 个数的时候停止比较,即得到排序结果。可以用两重嵌套的 for 循环实现,外层循环控制比较的轮数,内层循环控制每一轮中比较的次数。注意,每轮比较的次数是依次递减的,算法如图 6-2 所示。

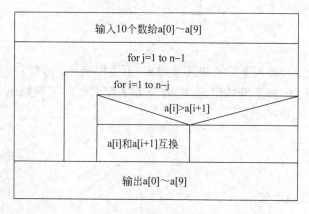

图 6-2　实验二的算法

三、一维数组排序(方法二)

• **实验要求**

编写程序,用顺序法将 10 个数进行从小到大排序。

• **算法分析**

设在数组 a 中存放 n 个无序的数,要将这 n 个数按升序重新排列。第一轮比较:用 a[0] 和 a[1] 进行比较,若 a[0]>a[1],则交换这两个元素中的值,然后继续用 a[0] 和 a[2] 比较,若 a[0]>a[2],则交换这两个元素中的值,以此类推,直到 a[0] 与 a[n−1] 进行比较处理后,a[0] 中就存放了 n 个数中的最小数。

第二轮比较:用 a[1] 依次与 a[2],a[3],…,a[n−1] 进行比较,处理方法相同,每次比较总是取小的数放到 a[1] 中,这一轮比较结束后,a[1] 中存放 n 个数中第 2 小的数。

…

第 n−1 轮比较:用 a[n−2] 与 a[n−1] 比较,取小者放到 a[n−2] 中,a[n−1] 中的数则是 n 个数中的最大的数。经过 n−1 轮比较后,n 个数已按从小到大的次序排好了。

四、一维数组排序(方法三)

• **实验要求**

编写程序,用插入法将 10 个数进行从小到大排序。

• **算法分析**

设数组 a 存放了 10 个数据,首先将 a[1] 作为一个已排好序的子数列,然后依次将 a[2],a[3],a[4],…,a[10] 插入到已排好序的子数列中。插入元素 a[i] 的步骤如下:

（1）将 a[i]的值保存到变量 t 中。

（2）寻找 a[i]的插入位置 k，若 a[i]<a[1]，则插入位置 k 为 1，否则将 a[i]依次与 a[1]，a[2]，a[3]，…，a[j]，…，a[i-2]，a[i-1]进行比较，若 a[i]>a[j]，则插入位置 k 为 j+1。

（3）为 a[i]腾出位置，依次将 a[k]，a[k+1]，…，a[i-2]，a[i-1]后移一个位置，即 a[i-1]→a[i]，a[i-2]→a[i-1]，…，a[k+1]→a[k+2]，a[k]→a[k+1]。

（4）将变量 t 的值送到 a[k]中。

五、查找素数
- **实验要求**

编写程序，找出 100 以内的所有素数，存放在一维数组中，并将所找到的素数按每行 10 个数的形式输出。

- **算法分析**

因为 2 以外的素数都是奇数，所以只需对 100 以内的每一个奇数进行判断即可。本程序可以采用一个双重循环结构，通过外循环的控制变量 i 每次向内循环提供一个 100 以内的奇数，让内循环进行判断。根据素数的定义，内循环的控制变量 k 的初值为 2，终值为外循环的控制变量 i 的平方根，步长为 1；在内循环中判断 i 能否被 k 整除，如果能整除，则表明 i 不是素数，就用 break 语句强制退出内层循环。如果内层循环正常结束，则说明除了 1 和 i 本身外没有其他数能整除 i，i 是一个素数。利用循环正常结束时，循环控制变量的值总是超出循环终值的特性，在内循环的外面判断循环的控制变量 k 是否大于内循环的终值，从而就能确定 i 的值是否为素数。

六、报数问题
- **实验要求**

编写程序：给 10 名学生编号 1～10，按顺序围成一圈，1～3 报数，凡报到 3 者出列，然后继续，直到所有学生都出列，按顺序输出出列学生的编号。

- **算法分析**

定义一个学生编号的数组 NO，下标从 1 开始到 10，其中下标 1 对应编号为 1 的学生，下标 2 对应编号为 2 的学生，……，下标 10 对应编号为 10 的学生。将数组中所有元素的值初始化为 1，如果某学生出列，则对应下标的元素值赋为 0。

报数的过程即为将对应数组元素相加的过程，每当和为 3 时，就将该元素的值置为 0，同时将圈中学生的总数减 1，直到圈中无学生为止。

七、求二维数组元素的和
- **实验要求**

设有一个 5×5 的二维数组，编写程序求：

（1）所有元素的和。

（2）主对角线元素之和。

（3）副对角线元素之和。

（4）所有靠边元素之和。

- **算法分析**

用一个双重循环，外层循环控制变量 i 和内层循环控制变量 j 分别作为数组元素的行下标和列下标，在内层循环中用 if 语句判断，当 i 等于 j 时，a[i][j]表示的是主对角线上的元素；当 i+j 等于 4 时，a[i][j]表示的是副对角线上的元素。

八、矩阵转置

· 实验要求

编写程序,将一个 3×4 的二维数组 a 的行和列元素互换,互换后仍存放在 a 数组中。

· 算法分析

用二重 for 循环的循环控制变量作为数组的行下标和列下标,外层循环控制变量 i 从 0 到 2,内层循环控制变量 j 从 0 到 i(注意:不是 3),在内层循环中将数组元素 a[i][j] 和 a[j][i] 的值交换,当循环结束时,矩阵转置成功。

思考题:

(1) 内层循环变量,即列下标 j 为什么不从 0 到 3?

(2) 内层循环变量,即列下标 j 从 i 到 3 可以吗?

九、求二维数组中的最大值和最小值

· 实验要求

有一个 4×4 的方阵,编写程序,求出其中的最大值和最小值,以及它们的行号和列号 (即位置)。

· 算法分析

本实验算法的 N-S 流程图如图 6-3 所示。

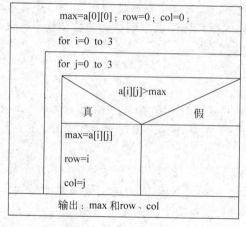

图 6-3　实验九的算法

十、找马鞍点

· 实验要求

编写程序,找出一个 m×n 数组的"马鞍点"。如果有"马鞍点",则输出"马鞍点"的位置和值,如果无"马鞍点",则输出"马鞍点不存在!"。

所谓"马鞍点",是指一个在本行中值最大,在本列中值最小的数组元素。若找到了"马鞍点",则输出"马鞍点"的行号和列号及其值;若数组不存在"马鞍点",则输出"马鞍点不存在"。

· 算法分析

判断对象是数组中的每一个元素,从第一个元素开始,判断其是否为本行中的最大值,若是最大值,再判断此元素是否为本列中的最小值,若是则输出此元素的行、列下标,即位置并输出该元素的值,然后取下一个元素进行判断。如果该元素是行中最大值但不是列中最小值,则不符合"马鞍点"条件,取下一个元素继续判断。如果该元素不是本行中最大值,则

直接取下一个元素,不用再判断其是否为行中最小值,主要算法如图 6-4 所示。

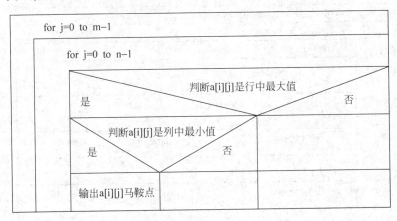

图 6-4 实验十的算法

十一、打印魔方阵

• 实验要求

打印 N(N 为奇数)阶魔方阵。魔方阵是由 $1 \sim N^2$ 个自然数组成的奇次方阵(N 是一个奇数),方阵的每一行、每一列及两条对角线上的元素和相等。

魔方阵的编排规律如下(假定魔方阵阵名为 A)。

(1) 1 放在最后一行的中间位置。即 $I=N,J=(N+1)/2,A[I][J]=1$。

(2) 下一个数放在前一个数的右下方,即 $A[I+1][J+1]$。

① 若 $I+1>N$,且 $J+1 \leqslant N$,则下一个数放在第一行的下一列位置。

② 若 $I+1 \leqslant N$,且 $J+1>N$,则下一个数放在下一行的第一列位置。

③ 若 $I+1>N$,且 $J+1>N$,则下一个数放在前一个数的上方位置。

④ 若 $I+1 \leqslant N$,且 $J+1 \leqslant N$,但右下方位置已存放数据,则下一个数放在前一个数的上方。

(3) 重复第(2)步,直到 N^2 个数都放入方阵中。

图 6-5 是一个 3 阶魔方阵的示例。

4	9	2
3	5	7
8	1	6

图 6-5 3 阶魔方阵

• 算法分析

本实验算法的 N-S 流程图如图 6-6 所示。

十二、统计单词个数

• 实验要求

输入一行由若干个单词组成的英文字符串,单词之间用空格分开,编写程序,统计其中单词的个数,并输出。

• 算法分析

单词的数目可以由空格出现的次数决定(连续的若干个空格作为出现一次空格,一行开头的空格不统计在内)。如果测出某一个字符为非空格,而它的前面的字符是空格,则表示"新单词开始了",此时使 num(单词数)累加 1。如果当前字符为非空格而其前面的字符也是非空格,则意味着仍然是原来那个单词的继续,num 不累加 1。前面一个字符是否为空格用 word 变量值来判断,若 word 等于 0,则表示前一个字符是空格;如果 word 等于 1,意味着前一个字符为非空格。算法如图 6-7 所示。

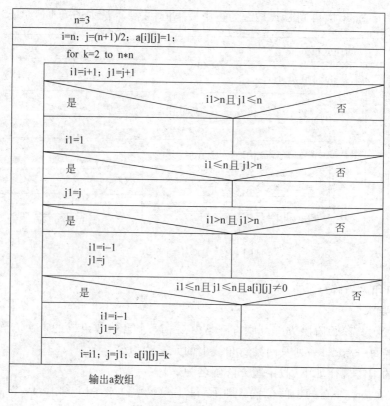

图 6-6　实验十一的算法

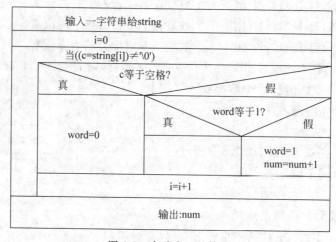

图 6-7　实验十二的算法

十三、统计各字母出现的次数

· **实验要求**

编写程序,统计一行文本中各字母(不区分大小写)出现的次数,并输出。

· **算法分析**

26 个英文字母,需要为每一个字母设置一个计数器,因此共有 26 个计数器,用一维数组 Count 表示。将 Count 数组中下标的下界设定为 65,上界设定为 90,其中 Count[65]用于存放字母 A 出现的次数,Count[66]用于存放字母 B 出现的次数,……,Count[90]用于存放字母 Z 出现的次数,65～90 正好与大写字母 A 到 Z 的 ASCII 码对应。

具体方法:逐个取出文本的字符,若此字符为字母,则将其转换为大写字母,再求出其 ASCII 码,然后将 Count 数组下标与此字符 ASCII 码相同的数组元素的值累加 1。

十四、字符串排序

· **实验要求**

输入 10 个字符串,编写程序将其按字典顺序输出。

· **算法分析**

可以用顺序法和冒泡法中任意一种方法对 10 个字符串进行排序。具体算法可参见实验二和实验三算法分析。定义一个字符指针数组,由 10 元素组成,分别指向 10 个字符串,即初始值分别为 10 个字符串的首地址,如图 6-8(a)和(b)所示。用一个双重循环对字符串进行排序(顺序法或冒泡法)。在内层循环 if 语句的表达式中调用字符串比较函数 strcmp 比较字符串大小。最后使用一个单层循环将字符串以"%s"格式按字典顺序输出。

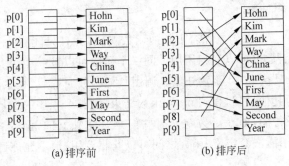

图 6-8 字符串排序

十五、字符串复制

· **实验要求**

有两个字符数组 s1 和 s2,编写一个程序,将字符数组 s2 中的全部字符复制到字符数组 s1 中。要求不用 strcpy 函数。复制时,'\0'也要复制过去,'\0'后面的字符不复制。

· **算法分析**

本实验算法的 N-S 流程图如图 6-9 所示。

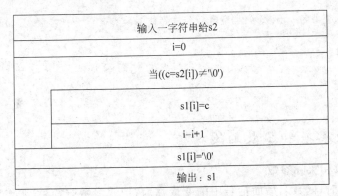

图 6-9 实验十五的算法

## 第 7 章

函　　数

7.1　知识要点

7.1.1　函数的概念

一个 C 程序可由一个主函数和若干其他函数构成,并且只能有一个主函数。由主函数调用其他函数,其他函数也可以互相调用。同一个函数可以被一个或多个函数调用多次。

C 程序的执行总是从 main 函数开始。调用其他函数完毕后,程序流程回到 main 函数,继续执行主函数中的其他语句,直到 main 函数结束,则整个程序的运行结束。

所有函数都是平行的,即在函数定义时它们是互相独立的,函数之间并不存在从属关系。也就是说,函数不能嵌套定义,函数之间可以互相调用,但不允许调用 main 函数。

7.1.2　函数的种类

根据函数的定义方式不同,可将函数分为以下两类:

(1) 标准函数,即库函数。这些函数由系统提供,可直接使用。

(2) 自定义函数。由用户根据需要编写的函数。

7.1.3　函数定义的一般形式

C 语言中函数定义的一般形式如下:

函数返回值的类型名　　函数名(类型名　　形式参数 1,类型名　　形式参数 2,…)
{
　　声明部分
　　语句
　　…
}

7.1.4　函数参数和函数的返回值

1. 形式参数和实际参数

在定义函数时,函数名后面括号中的变量称为"形式参数"(简称"形参");在主调函数中,函数名后面括号中的参数(可以是表达式)称为"实际参数"(简称"实参")。

2. 函数返回值

函数的返回值就是通过函数调用使主调函数能得到一个确定的值。通过 Return 语句返回函数的值,return 语句有以下 3 种形式:

· return 表达式;
· return(表达式);
· return;

说明:return 语句中的表达式的值就是所求的函数值。此表达式值的类型必须与函数首部所说明的类型一致。若类型不一致,则以函数值的类型为准,由系统自动转换。

7.1.5 函数的调用

函数调用的一般形式为:

函数名(实参列表);

说明:

(1) 调用可分为无参函数调用和有参函数调用两种,如果调用无参函数,则不用"实参列表",但括号不能省略。在调用有参函数时,实参列表中的参数个数、类型、顺序要与形参保持一致。

(2) 把函数调用作为一个语句,这时该函数只需完成一定的操作而不必有返回值。

(3) 若函数调用出现在一个表达式中,参与表达式的计算,则要求该函数有一个确定的返回值。

(4) 函数调用可作为另外一个函数的实参出现。

7.1.6 C 语言中数据传递的方式

(1) 实参与形参之间进行数据传递。

(2) 通过 return 语句把函数值返回到主调函数中。

(3) 通过全局变量。

7.1.7 函数的嵌套调用和递归调用

1. 函数的嵌套调用

C 语言的函数定义都是独立的,不允许嵌套定义函数,即一个函数内不能定义另一个函数。但可以嵌套调用函数,即在调用一个函数的过程中,又调用另一个函数,如图 7-1 所示。

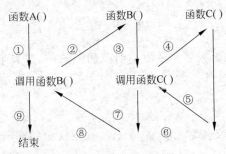

图 7-1 函数的嵌套调用

2. 函数的递归调用

在调用一个函数的过程中又直接或间接地调用该函数本身,称为函数的递归调用。

当一个问题在采用递归法解决时,必须符合以下两个条件:

(1)可以把要解决的问题转化为一个新的问题,这个新问题的解决方法与原来的解决方法相同,只是所处理的对象有规律地递增或递减;

(2)必须有一个明确的结束递归的条件。

7.1.8 全局变量和局部变量

1. 全局变量

在函数之外定义的变量称为全局变量,也称外部变量。全局变量可以为本文件中其他函数所共用,它的有效范围从定义处开始到本文件结束。

2. 局部变量

在一个函数内部定义的变量,它们只在本函数范围内有效,即只能在本函数内部才能使用它们,其他函数不能使用这些变量。不同函数中可以使用相同名字的局部变量,但它们代表不同的对象,在内存中占不同的单元,互不干扰。

说明:如果在同一个程序中,全局变量与局部变量同名,则在局部变量的作用范围内,全局变量被"屏蔽",即它不起作用,局部变量起作用。

7.1.9 变量的存储类别

(1)静态存储:在程序运行期间分配固定的存储空间。

(2)动态存储:在程序运行期间根据需要动态分配存储空间。

(3)变量的种类:自动(auto)、静态(static)、寄存器(register)和外部(extern),其中自动(auto)和寄存器(register)变量的值存放在动态存储区,静态(static)变量和外部(extern)变量的值存放在静态存储区。

7.1.10 内部函数和外部函数

1. 内部函数

内部函数是只能被文件中的其他函数所调用的函数。在定义内部函数时,在函数名和函数类型前加 static。一般形式为:

static 类型标识符 函数名(形参表)

内部函数只局限于所在文件。

2. 外部函数

在定义函数时,如果在函数名和函数类型前加 extern,则表示此函数是外部函数,可供其他文件的函数使用。一般形式为:

extern 类型标识符 函数名(形参表)

C语言规定,如果在定义函数时省略 extern,则默认为外部函数。

7.2 例题分析与解答

一、选择题

1. 以下叙述中正确的是_____。

    A. C 语言程序总是从第一个定义的函数开始执行

    B. 在 C 语言程序中,要调用的函数必须在 main( )函数中定义

    C. C 语言程序总是从 main( )函数开始执行

    D. C 语言程序中的 main( )函数必须放在程序的开始部分

分析:一个 C 程序总是由许多函数组成,main( )函数可以放在程序的任何位置。C 语言规定,不能在一个函数内部定义另一个函数。无论源程序包含了多少函数,C 程序总是从 main( )函数开始执行。对于用户定义的函数,一般必须遵循先定义后使用的原则。

答案:C

2. 以下函数

```
fun(float   x)
{printf("% d\n",x * x);
}
```

的类型是_____。

    A. 与参数 x 的类型相同　　　　　　B. void 类型

    C. int 类型　　　　　　　　　　　　D. 无法确定

分析:若函数名的类型没有说明,C 默认函数返回值的类型为 int 类型,函数返回值的类型应为 int 类型,因此本题的答案是 C。

答案:C

3. 以下程序的输出结果是_____。

```
# include < stdio. h>
fun( int   a,int b,int c)
    {c = a * b; }
main()
{int c;
 fun(2,3,c);
 printf("% d\n",c);
}
```

    A. 0　　　　　　　　B. 1　　　　　　　　C. 6　　　　　　　　D. 无定值

分析:函数 fun 中没有 return 语句,因此不返回函数值。在 main( )函数中,变量 c 没有赋值;在调用 fun( )函数时,c 是第三个实参,但调用时,它没有值传给形参 c。虽然形参 c 被赋值为 6,但形参值不能传给实参,因此在函数调用结束、返回主函数后,主函数中的 c 仍然无确定的值。

答案:D

4. 有如下程序：

```
#include "stdio.h"
int max(int x, int y)
{int z;
if(x>y)z=x;
else z=y;
return z;}
void main()
{int a=3,b=5;
printf("max=%d\n",max(a,b));
}
```

运行结果为_____。

　　A. max=3　　　　B. max=4　　　　C. max=5　　　　D. max=6

　　分析：C语言规定函数调用形式可以是函数语句、函数表达式和函数参数。本题目中函数调用形式为函数参数，根据题意得到运行结果 max=5。

　　答案：C

5. 如下程序的运行结果为_____。

```
#include <stdio.h>
f(int a)
{ auto  int b=0;
  static  c=3;
  b=b+1;
  c=c+1;
  return(a+b+c);
}
main()
{int a=2,i;
for(i=0;i<3;i++)
  printf("%d",f(a));
}
```

　　A. 6 7 8　　　　B. 7 8 9　　　　C. 5 6 7　　　　D. 无输出结果

　　分析：本程序中，f()函数内的 b 为局部变量，c 为静态变量，第一次调用开始时 b=0，c=3，在函数执行中 c=c+1，c 变成4。第二次调用时，c 保持上次调用结束时的值4，在执行完 c=c+1 后，c 的值为5，b 重新赋值为0，以此类推。

　　答案：B

6. 下列程序的运行结果是_____。

```
#include <stdio.h>
func(int a,int b)
{int temp=a;
a=b;b=temp;
}
main()
{int x,y;
x-10;y=20;
```

```
func(x,y);
printf("%d,%d\n",x,y);
}
```

    A. 10,20   B. 10,10   C. 20,10   D. 20,20

分析：这里是传值调用,不会改变实参的值。

答案：A

7. 以下程序的运行结果是_____。

```
#include <stdio.h>
int func(int n)
{if(n==1)  return  1;
 else  return(n * func(n-1));
}
main()
{int x;
 x=func(3);
 printf("%d\n",x);
}
```

    A. 5   B. 6   C. 7   D. 8

分析：func( )是递归函数,func(3)=3 * func(2)=3 * 2 * func(1)=3 * 2 * 1=6。

答案：B

8. 以下只有在使用时才为该类型变量分配内存的存储单元说明是_____。

    A. auto 和 static   B. auto 和 register

    C. register 和 static   D. extern 和 register

分析：auto 和 register 属于动态存储分配,在程序执行时分配内存单元,程序结束时释放存储单元,extern 和 static 是静态存储分配,在程序执行之前就进行内存单元的分配。

答案：B

9. 以下正确的说法是_____。

    A. 用户若需调用标准库函数,调用前必须重新定义

    B. 用户可以重新定义标准库函数,若如此,该标准库函数将失去原有含义

    C. 系统根本不允许用户重新定义标准库函数

    D. 用户若需调用标准库函数,调用前不必使用预编译命令将该函数所在文件包括到用户源文件中,系统会自动去调用

分析：标准库函数调用前不需要重新定义,A 错;但要用#include 命令将函数所在的文件包含在源文件中,D 错;用户可以重新定义标准库函数,原函数失去意义,B 正确。

答案：B

10. 若有以下程序:

```
#include <stdio.h>
main()
{
    void f(int n);
    f(5);
```

```
    }
    void f(int n)
{
    printf("%d\n",n);
}
```

则以下叙述中不正确的是_____。

    A. 若只在主函数中对函数 f 进行声明,则只能在主函数中正确调用函数 f

    B. 如果被调用函数的定义出现在主调函数之前,可以不必加声明

    C. 对于以上程序,编译时系统会提示出错信息,提示对 f 函数重复声明

    D. 函数 f 无返回值,所以可用 void 将其类型定义为无值型

分析:选项 A 正确,因为若子函数定义出现在后面,之前调用此函数时,需提前声明,选项 B 也正确;原理同选项 A,选项 C 不正确,编译时不会产生函数重复声明的出错信息,根据 C 语言的规定,其后定义的函数,之前若要使用,需要提前使用函数声明语句声明;选项 D 正确,C 语言规定,若函数无返回值,可以将函数类型定义为无值类型 void。

答案:C

11. 下列程序执行后的输出结果是_____。

```
#include<stdio.h>
  char st[]="hello";
  void fun1(int i)
    {void fun2(int i);
     printf("%c",st[i]);
     if(i<3)
       { i=i+2;fun2(i);}
    }
void fun2(int i)
  {printf("%c",st[i]);
   if(i<3)
       {i=i+2;fun1(i);}
  }
  main()
  {  fun1(0);printf("\n");  }
```

    A. hello   B. hel   C. hlo   D. hlrn

分析:本题函数调用属于间接递归,主函数中调用 fun1(0),输出字符 h,之后调用 fun2(2),输出字符 l,然后再次调用 fun1(4),输出字符 o,此时递归结束条件满足,结束递归执行。

答案:C

12. 以下程序的输出结果是_____。

```
#include<stdio.h>
 void fun(int a[])
    {a[0]=100;
     a[4]=200;
    }
    main()
```

```
{ int a[5]={1,2,3,4,5},i;
 fun(a);
for(i=0;i<5;i++)
    printf("%d  ",a[i]);
}
```

A. 100 2 3 4 200 　　B. 1 2 3 4 5

C. 100 2 3 4 5 　　D. 1 2 3 4 200

分析：数组名作参数，传地址，即形参数组和实参数组共用同一个存储单元，因此，形参数组中 a[0] 和 a[4] 的值修改为 100 和 200，实参数组中 a[0] 和 a[4] 的值也改为 100 和 200。

答案：A

二、填空题

1. 以下函数用以求 x 的 y 次方，请填空。

```
double fun(double  x,int   y)
{int  i;
double  z=1.0;
for(i=1;i   【1】   ;i++)
    z=   【2】   ;
return   z;
}
```

分析：求 x 的 y 次方就是把 y 个 x 连乘。z 的初值为 1，在 for 循环体中 z＝z＊x 执行 y 次。因此，在【1】处填<=y，在【2】处填 z＊x（或 x＊z）。遇到累加或累乘问题时，很重要的任务就是确定累加或累乘项的表达式，并确定累加或累乘的条件。

答案：【1】<＝y　　【2】z＊x

2. 阅读以下程序并填空，该程序是求阶乘的累加和。

```
s=0!+1!+2!+…+n!
#include  <stdio.h>
long  f(int  n)
{int i;
long  s;
s=   【1】   ;
for(i=1; i<=n; i++)
    s=   【2】   ;
return  s;
}
main( )
{long  s;
int  k,n;
scanf("%d",&n);
s=   【3】   ;
for(k=0; k<=n; k++)
    s=s+   【4】   ;
printf("%ld\n",s);
}
```

分析：本题要求进行累加计算，但每一个累加项是一个阶乘值。函数 f() 用于求阶乘值

n!(n为形参)。求得阶乘的值存于变量 s 中,因此 s 的初值应为 1,【1】空处填 1。连乘的算法可用表达式 s＝s＊i(i 从 1 变化到 n)表示,因此【2】空处填 s＊i。累加运算是在主函数中完成的,累加的值放在主函数的 s 变量中,因此 s 的初值应为 0,在【3】空处填 0。累加放在 for 循环中,循环控制变量 k 的值确定了 n 的值,调用一次 f()函数可求出一个阶乘的值,所以在【4】空处填 f(k)(k 从 0 变化到 n)。在进行累加及连乘时,存放乘积或累加和的变量必须赋初值;求阶乘时,存放乘积的变量的初值不能是 0。

答案:【1】1　【2】s＊i　【3】0　【4】f(k)

7.3　测试题

一、选择题

1. C语言允许函数值类型缺省定义,此时该函数值隐含的类型是_____型。
　　A. float　　　　　B. int　　　　　C. long　　　　　D. double

2. 若调用一个函数,且此函数中没有 return 语句,则正确的说法是_____。
　　A. 该函数没有返回值
　　B. 该函数返回若干个系统默认值
　　C. 该函数返回一个用户所希望的函数值　D. 该函数返回一个不确定的值

3. C语言中函数返回值的类型由_____决定。
　　A. return 语句中的表达式类型　　　　B. 调用函数的主调函数类型
　　C. 调用函数时的临时类型　　　　　　D. 定义函数时所指定的函数类型

4. C语言规定,简单变量做实参时,它和对应形参之间的数据传递方式是_____。
　　A. 地址传递
　　B. 由实参传给形参,再由形参传回给实参
　　C. 单向值传递
　　D. 由用户指定传递方式

5. 以下错误的描述是_____。
　　A. 函数调用可以出现在执行语句中　　B. 函数调用可以出现在一个表达式中
　　C. 函数调用可以作为一个函数的实参　D. 函数调用可以作为一个函数的形参

6. 以下正确的描述是_____。
　　A. C语言程序中,函数的定义可以嵌套,但函数的调用不可以嵌套
　　B. C语言程序中,函数的定义不可以嵌套,但函数的调用可以嵌套
　　C. C语言程序中,函数的定义和函数的调用均不可以嵌套
　　D. C语言程序中,函数的定义和函数的调用均可以嵌套

7. 若用数组名作为函数调用的实参,传递给形参的是_____。
　　A. 数组的首地址　　　　　　　　　　B. 数组第一个元素的值
　　C. 数组中全部元素的值　　　　　　　D. 数组元素的个数

8. 以下函数值的类型是_____。

```
fff(int  x)
{float  y;
 y = 90 + x;
 return  y;
}
```

A. int B. 不确定 C. void D. float

9. 以下不正确的说法是_____。

   A. 在不同函数中可以使用相同名字的变量

   B. 在同一函数中不能使用相同名字的变量

   C. 在自定义函数中可以多次出现 return 语句

   D. 形参变量和实参变量不能同名

10. 以下程序的输出结果是_____。

```
#include <stdio.h>
main( )
{int  i;
for(i=1;i<=3;i++)
    printf("%d  ",fun(i));
}
fun(int j )
{static  int  x=1;
 x=x+j;
 return x;
}
```

   A. 2 3 4 B. 2 4 7 C. 2 2 2 D. 2 2 3

11. 函数调用 strcat(strcpy(str1,str2),str3)的功能是 _____。

   A. 将字符串 str1 复制到字符串 str2 中后再连接到字符串 str3 之后

   B. 将字符串 str1 连接到字符串 str2 之后再复制到字符串 str3 之后

   C. 将字符串 str2 复制到字符串 str1 中后再将字符串 str3 连接到字符串 str1 之后

   D. 将字符串 str2 连接到字符串 str1 之后再将字符串 str1 复制到字符串 str3 中

12. 以下正确的函数形式是_____。

   A. double fun(int x,int y) B. fun(int x,y)

   {z=x+y; return z;} {int z;

   return z; }

   C. fun(x,y) D. double fun(int x,int y)

   {int x,y; double z; {double z;

   z=x+y;return z;} z=x+y; return z; }

13. 在 C 语言中,以下不正确的说法是_____。

   A. 实参可以是常量、变量或表达式

   B. 形参可以是常量、变量或表达式

   C. 实参可以为任意类型

   D. 形参应与其对应的实参类型一致

14. 以下正确的说法是 _____。

   A. 定义函数时,形参的类型声明可以放在函数体内

   B. return 返回的值不能为表达式

   C. 如果函数值的类型与返回值类型不一致,以函数值类型为准

   D. 如果形参与实参的类型不一致,以实参类型为准

15. 已有以下数组定义和 f 函数调用语句,则在 f 函数的说明中,对形参数组 array 的错误定义方式为_____。

```
int   a[3][4];
f(a);
```

    A. f(int   array[ ][6])　　　　　B. f(int   array[3][ ])
    C. f(int   array[][4])　　　　　D. f(int   array[2][5])

16. 如果在一个函数中的复合语句中定义了一个变量,则以下正确的说法是_____。
    A. 该变量只在该复合语句中有效　　B. 该变量在该函数中有效
    C. 该变量在本程序范围内有效　　　D. 该变量为非法变量

17. 折半查找法的思路是:先确定待查元素的范围,将其分成两半,然后测试位于中间点元素的值。如果该查找元素的值大于中间点元素的值,就缩小查找范围,只查找中点之后的元素;反之,测试中点之前的元素,测试方法相同。函数 fun 的作用是应用折半查找法从含 10 个数的 a 数组中对数据 m 进行查找,若找到,返回其下标值;反之,返回-1。请选择填空。

```
fun(int   a[10],int   m)
{int low = 0,high = 9,mid;
while (low <= high)
{mid = (low + high)/2;
if(m < a[mid])  【1】 ;
else   if(m > a[mid])  【2】 ;
        else return(mid);
}
    return( - 1);
}
```

    【1】A. high＝mid-1　　　　　B. low＝mid+1
         C. high＝mid+1　　　　　D. low＝mid-1
    【2】A. high＝mid-1　　　　　B. low＝mid+1
         C. high＝mid+1　　　　　D. low＝mid-1

18. 以下程序的正确运行结果是_____。

```
# include  < stdio. h >
void   num( )
{extern   int   x,y;
 int   a = 15,b = 10;
 x = a - b;
 y = a + b;
}
int x,y;
main()
{int a = 7,b = 5;
 x = a + b;
 y = a - b;
 num();
```

```
printf("%d,%d\n",x,y);
}
```

  A. 12,2   B. 不确定   C. 5,25   D. 1,12

19. C语言中形参的默认存储类别是_____。

  A. 自动(auto)   B. 静态(static)

  C. 寄存器(register)   D. 外部(extern)

20. 关于全局变量的有效范围,下列说法正确的是_____。

  A. 本程序的全部范围

  B. 离定义该变量的位置最接近的函数

  C. 函数内部范围

  D. 从定义该变量的位置开始到本文件结束

21. 下述程序输出的结果是_____。

```
fun(int a,int b,int c)
{
  c=a*a+b*b;
}
main()
{
  int x=22;
  fun(4,2,x);
  printf("%d",x);
}
```

  A. 20   B. 21   C. 22   D. 23

22. 下述程序输出的结果是_____。

```
#include<stdio.h>
int s=13;
int fun(int x,int y)
{
  int s=3;
  return(x*y-s);
}
main()
{
  int m=7,n=5;
  printf("%d\n",fun(m,n)/s);
}
```

  A. 1   B. 2   C. 7   D. 10

23. 下述程序输出的结果是_____。

```
#include<stdio.h>
void fun(int n)
{   static int s[3]={1,2,3};
    int i;
    for(i=0;i<3;i++)
```

```
        s[i] = s[i] - n;
    for(i = 0;i < 3;i++)
        printf("%d  ",s[i]);
    printf("\n");
}
main()
{
    fun(1);
    fun(1);
}
```

A. 0 1 2	B. 0,1,2	C. 1,2,3	D. 1 3 5
-1 0 1	-1,0,1	0,4,8	1 3 7

24. 以下程序的输出结果是_____。

```
# include < stdio.h >
    char cchar(char ch)
    { if(ch > = 'A'&&ch < = 'Z')
        ch = ch - 'A' + 'a';
        return ch;
    }
    main()
    {   int k = 0;
        char s[] = "ABCDEF";
        for(k = 0;k < strlen(s);k++)
                s[k] = cchar(s[k]);
        printf("%s\n",s);
    }
```

A. abcDEF   B. abcdefdef   C. abcABCDEF   D. abcdef

二、填空题

1. C语言规定,可执行程序的开始执行点是_____。

2. 在C语言中,一个函数一般由两部分组成,它们是 【1】 和 【2】。

3. 凡是函数中未指定存储类别的局部变量,其隐含的存储类别为_____。

4. 以下程序的功能是计算函数 $F(x,y,z) = (x+y)/(x-y) + (z+y)/(z-y)$ 的值。请填空。

```
# include  < stdio.h >
# include  < math.h >
main()
{ float  x,y,z,sum;
  float  f(float  a,float  b);
  scanf("%f%f%f",&x,&y,&z);
  sum = f( 【1】 ) + f( 【2】 );
  printf("sum = %f\n",sum);
}
float  f(float a,float b)
{ float  value;
  return  a/b; }
```

5. 以下程序的功能是用二分法求方程 $2x^3-4x^2+3x-6=0$ 的根,并要求绝对误差不超过 0.001。请填空。

```
#include <stdio.h>
#include "math.h"
float  f(float x)
{float y;
 y=2*x*x*x-4*x*x+3*x-6;
 return  y;}
main( )
{float  m=-100,n=100,r;
r=(m+n)/2;
while(fabs(n-m)>0.0001)
    {if(_____) m=r;
     else  n=r;
     r=(m+n)/2;}
printf("%6.3f\n",r);
}
```

6. 若输入一个整数 10,以下程序的运行结果是_____。

```
#include  <stdio.h>
main()
{int  a,e[10],c,i=0;
scanf("%d",&a);
while(a!=0)
    {c=sub(a);
     a=a/2;
     e[i]=c;
     i++;}
     for(;i>0;i--)printf("%d",e[i-1]);
    }
sub(int  a)
    {int  c;
     c=a%2;
     return  c;
    }
```

7. 已有函数 pow,现要求取消变量 i 后 pow 函数的功能不变。请填空。
修改前的 pow 函数:

```
pow(int  x,int  y)
{int  i,j=1;
 for(i=1; i<=y; ++i) j=j*x;
 return(j);
}
```

修改后的 pow 函数:

```
pow(int  x,int  y)
{int  j;
```

```
  for(  【1】  ;  【2】  ;  【3】  )j = j * x;
  return(j);
}
```

8. 以下程序的功能是求三个数的最小公倍数。请填空。

```
# include  < stdio. h>
max(int  x, int  y, int  z)
{if(x > y && x > z) return(x);
 else if(  【1】  )return(y);
 else  return(z);
}
main()
{int  x1, x2, x3, i = 1, j, x0;
 printf("Input  3  number: ");
 scanf(" % d % d % d", &x1, &x2, &x3);
 x0 = max(x1, x2, x3);
 while(1)
    {j = x0 * i;
    if(  【2】  )break;
    i = i + 1; }
printf(" % d\n", j);
}
```

9. 函数 fun 的作用是求整数 n1 和 n2 的最大公约数，并返回该值。请填空。

```
# include "stdio. h"
main()
{printf(" % d\n", fun(12, 24));
}
fun(int n1, int n2)
{int temp;
 temp = n1 % n2;
 while(_____)
    { n1 = n2; n2 = temp; temp = n1 % n2; }
return(n2);
}
```

10. 以下程序的运行结果是_____。

```
# include "stdio. h"
main()
{int a[3][3] = {1, 3, 5, 7, 9, 11, 13, 15, 17}, sum;
sum = func(a);
printf("sum = % d\n", sum);
}
func(int a[ ][3])
{int i, j, sum = 0;
for(i = 0; i < 3; i++)
    for(j = 0; j < 3; j++)
    {a[i][j] = i + j;
    if(i == j)sum = sum + a[i][j]; }
```

```
        return sum;
    }
```

11. 以下程序段的功能是用递归方法计算学生的年龄,已知第一位学生年龄最小,为 10 岁,其余学生一个比一个大 2 岁,求第 5 位学生的年龄。请填空。

递归公式如下:

$$age(n)=\begin{cases}10 & (n=1)\\ age(n-1)+2 & (n>1)\end{cases}$$

```
#include <stdio.h>
age(int  n)
{int  c;
 if(n==1)c=10;
 else  c= 【1】   ;
 return(c);
}
main()
{int  n=5;
 printf("%d\n", 【2】 );
}
```

12. 函数嵌套调用与递归调用的区别是_____。

13. 以下 fun 函数的功能是:在第一个循环中给前 10 个数组元素依次赋值 1,2,3,4,5,6,7,8,9,10,在第二个循环中使 a 数组前 10 个元素中的值对称折叠,变成 1,2,3,4,5,5,4,3,2,1。请填空。

```
#include "stdio.h"
main()
{int a[10],i;
 fun(a);
 for(i=0;i<10;i++)
     printf("%d",a[i]);
 printf("\n");
}
fun(int a[])
   { int i;
     for(i=0;i<10;i++)
         【1】   = i+1;
     for(i=1;i<=5;i++)
         【2】   = a[i-1];
   }
```

三、编程题

1. 用自定义函数求任意两个数的和,在主函数中输入两个数,调用自定义函数求和,在主函数中输出结果。

2. 求组合数 C_m^n,其中 $C_m^n=\dfrac{m!}{n!(m-n)!}$。

3. 写一个判断素数的函数,在主函数中输入一个正整数,输出判断结果。

4. 写一个函数,对 10 个数按由小到大的顺序排序。在主函数中输入 10 个数,调用排序函数,输出排序结果。

5. 编写一个找出任一个正整数的因子的函数。

6. 写一个函数,将二维数组(3×3)转置,即行列互换。

7. 用递归法求 n 阶勒让德多项式的值,递归公式为:

$$p(n,x)=\begin{cases}1 & (n=0)\\ x & (n=1)\\ ((2n-1)x-p(n-1,x)-(n-1)p(n-2,x))/n & (n>1)\end{cases}$$

8. 编写一个递归函数,求任意两个整数的最大公约数。

9. 编写程序,验证大于 5 的奇数可以表示成三个素数的和。

10. 编写一个将 N 进制数转换成十进制数的通用函数。

11. 编写程序求下面数列的和,计算精确到 $a_n \leqslant 10^{-5}$ 为止。

$$y=\frac{1}{2}+\frac{2}{2\times 4}+\frac{1}{2\times 4\times 6}+\cdots+\frac{1}{2\times 4\times 6\times \cdots \times 2n}+\cdots$$

式中,$n=1,2,3,\cdots$。

12. 编写程序求下面级数的和,计算精确到第 n 项,要求该项的值小于等于 10^{-5} 为止。

$$s=x+\frac{x^2}{1\times 2}+\frac{x^3}{2\times 3}+\frac{x^5}{3\times 5}+\cdots+\frac{x^{f_n}}{f_{n-1}\times f_n}+\cdots \quad 0<x<1$$

其中:

$$f_n=\begin{cases}1 & n=1\\ 1 & n=2\\ f_{n-1}+f_{n-2} & n>2\end{cases}$$

13. 编写一个查找介于正整数 A 和 B 之间所有同构数的程序。若一个数出现在自己平方数的右端,则称此数为同构数。如 5 在 $5^2=25$ 的右端,25 在 $25^2=625$ 的右端,故 5 和 25 都是同构数。

14. 给出年、月、日,计算该日是该年的第几天。

15. 一个 n 位的正整数,其各位数的 n 次方之和等于这个数,称这个数为 Armstrong。例如,$153=1^3+5^3+3^3$,$1634=1^4+6^4+3^4+4^4$,试编写程序,求所有的 2,3,4 位的 Armstrong 数(判断一个正整数是由 n 位数字组成的,由自定义函数完成)。

7.4 实验题

一、编写函数判断是否闰年

• 实验要求

编一函数,判断某年是否为闰年,若是返回1,否则返回0。

判断闰年的条件:年份能被 4 整除但不能被 100 整除为闰年,年份能被 400 整除为闰年。

• 算法分析

实参、形参均为年份,main 函数中输入年份,传给形参变量,在自定义函数中判断是否为闰年,判断结果用 1 和 0 表示,1 代表闰年,0 代表非闰年,返回判断结果。输出结果在 main 函数中完成。

二、编写函数计算三角形的面积

• 实验要求

编写计算三角形面积的程序,将计算面积定义成函数。三角形面积公式为:

$$A = \sqrt{s(s-a)(s-b)(s-c)}$$

其中,A 为三角形面积,a,b,c 为三角形的三条边的长度,s=(a+b+c)/2。

• 实现代码

注意:部分源代码如下。

请勿改动 main 函数和自定义函数中的任何内容,仅在函数 fun 的花括号中填入所写的若干语句。

```c
#include <math.h>
#include <stdio.h>
float fun(float a,float b,float c)
{
}
main()
{  float a,b,c;
   scanf("%f%f%f",&a,&b,&c);
   printf("area is:%f\n",fun(a,b,c));
}
```

三、编程求最大公约数和最小公倍数

• 实验要求

编写两个函数,分别求出两个整数的最大公约数和最小公倍数,用主函数调用这两个函数,并输出结果,两个整数由键盘输入。

• 算法分析

用"辗转相除法"求最大公约数(两个数相除,求余数,如果余数为 0,则除数为这两个数的最大公约数。如果余数不为 0,继续相除,被除数改为上次的除数,除数改为上次的余数,得到新的余数,以此类推,直到余数为 0 为止)。

最小公倍数为:两个数相乘的积除以最大公约数。

注意:部分源代码如下。

请勿改动 main 函数和自定义函数中的任何内容,仅在函数 fmax 的花括号中填入所写的若干语句。

```c
#include <math.h>
#include <stdio.h>
int fmax(int m,int n)
{
}
int fmin(int m,int n)
{
return m*n/fmax(m,n);
}
```

```
main()
{   int a,b;
    scanf("%d%d",&a,&b);
    printf("fmax is: %d\n",fmax(a,b));
    printf("fmin is: %d\n",fmin(a,b));
}
```

四、判断素数

- **实验要求**

编写函数,判断一个正整数是否为素数。在 main 函数中输入一个正整数,调用自定义函数判断其是否为素数,将判断结果返回给 main 函数,在 main 函数中输出结果。

- **算法分析**

简单变量作为实参和形参,用 1 和 0 作为返回值,分别代表是素数和不是素数。

五、回文数判断

- **实验要求**

编一函数,判断某一整数是否为回文数,若是返回 1,否则返回 0。所谓回文数,是指该数正读与反读是一样的。例如 12321 就是一个回文数。

- **算法分析**(略)

注意:部分源代码如下,请填空。

```
#include<stdio.h>
#include<math.h>
int fun(int m)
{int t,n=0;
 t=m;
 while(t)
    {n++;      【1】      ;}              //求出 M 是几位的数
 t=m;
 while(t)
 {if(t/(int)pow(10,n-1)!=t%10)          //比较其最高位和最低位
    return 0;
  else
    {t=t%(int)pow(10,n-1);              //去掉其最高位
        【2】        ;                  //去掉其最低位
     n=n-2;                            //位数去掉了两位
    }
 }
 return 1;
}
main()
{   int x;
    scanf("%d",&x);
    if (      【3】      )
    printf("%d is a huiwen!\n",x);
    else
    printf("%d is not a huiwen!\n",x);
}
```

六、求一个数的因子

- **实验要求**

编写一个函数,求正整数 m 的所有因子,在 main 函数中输入正整数,调用自定义函数求其因子,在 main 函数中输出所有的因子。例如,6 的因子为 1,2,3。

- **算法分析**

在自定义函数中将求出的因子存放在一维数组 a 中,将 a 数组作为形式参数,把 a 中的数据传递给主调函数中的实参数组 b。实参组 b 的大小要保证能够存放整数 m 的因子。

七、编写函数求整数的逆序数

- **实验要求**

编一函数,求末位数非 0 的正整数的逆序数,例如,reverse(3407)=7043。

- **算法分析**(略)

注意:部分源代码如下。

请勿改动 main 函数和自定义函数中的任何内容,仅在函数 reverse 的花括号中填入所写的若干语句。

```c
#include <stdio.h>
#include <math.h>
int reverse(int m)
{
}
main()
{   int w;
    scanf("%d",&w);
    printf("%d==>%d\n",w,reverse(w));
}
```

八、统计字符、数字和空格的个数

- **实验要求**

fun 函数是统计一个字符串中字母、数字、空格和其他字符的个数的函数,请完善程序。

- **算法分析**(略)

注意:部分源代码如下。

请勿改动 main 函数和自定义函数中的任何内容,仅在函数 fun 的花括号中填入所写的若干语句。

```c
#include <stdio.h>
#include <string.h>
void fun(char s[])
{int i,num=0,ch=0,sp=0,ot=0;
 char c;


    printf("char:%d,number:%d,space:%d,other:%d\n",ch,num,sp,ot);}


main()
{   char s1[81];
```

```
    gets(s1);
    fun(s1);
}
```

九、用冒泡法排序

• 实验要求

编写程序,输入 10 个整数到一维数组中,将其从小到大排序。要求排序由自定义函数完成,在 main 函数中完成输入数据并输出排序结果。

• 算法分析

编写一个函数"void　BubbleSort(int Arr[],int n)",其中 Arr[]是一个数组,n 是数组的长度。要求在该函数中使用选择排序法对数组 Arr 中的 n 个数从小到大排序。

注意:理解使用数组作为函数参数的方法。

十、用递归方法求累加和

• 实验要求

用递归的方法实现求 1+2+3+⋯+n。

• 算法分析

如果 n 为 1,则累加和为 1,否则为前 n−1 个数的和加上第 n 个数。

根据题意填空:

```
# include < stdio. h>
# include < string. h>
int fun( int m)
{int w;
  if(　【1】　)
    w = 1;
  else
    w = fun(m − 1) + m;
  return w;
}


main()
{   int n, i;
    scanf(" % d",&n);
    printf("1 + 2 + ⋯ + % d = % d\n",n,_____【2】_____);
}
```

十一、用递归方法将数值转换为字符串

• 实验要求

用递归的方法编程,将一个整数转换成字符串。例如,输入 345,应输出字符串 345。

• 算法分析(略)

完善下列代码:

```
# include < stdio. h>
# include < string. h>
void fun( int m)
{ if(m!= 0)
```

```
        {fun(m/10);
         printf("%c",'0'+_____);
    }
}

main()
{   int x;
    scanf("%d",&x);
    printf("%d==>",x);
    fun(x);
    printf("\n");
}
```

十二、用递归方法求 x 的 n 次方

· 实验要求

编写程序,采用递归的方法计算 x 的 n 次方。

· 算法分析

当 n＝0 时,x 的 n 次方为 1,否则 x 的 n 次方等于 x 的 n−1 次方乘以 x。递归函数的功能是求 x 的 n 次方。

注意:下面是求 2 的 8 次方的部分源代码。

请勿改动 main 函数和自定义函数中的任何内容,仅在函数 p 的花括号中填入所写的若干语句。

```
# include "stdio.h"
# include "math.h"
float p(float x,int n)
{
}
main()
{
  printf("%f",p(2,8));
}
```

十三、用递归法求分段函数

· 实验要求

编写程序,根据勒让德多项式的定义计算 $P_n(x)$。n 和 x 为任意正整数,把 $P_n(x)$ 定义成递归函数。

$$P_n(x) = \begin{cases} 1 & n=0 \\ x & n=1 \\ (2n-1)P_{n-1}(x)-(n-1)P_{n-2}(x)/n & n>1 \end{cases}$$

· 算法分析(略)

完善以下程序:

```
# include "stdio.h"
float p(float x,int n)
{float f;
  if(n==0)
```

```
        f = 1;
    else if(n == 1)
            【1】
        else
                【2】
    return    【3】
}
main()
{ int x,n;
    scanf(" % d % d",&x, &n);
    printf(" % f\n",_____【4】_____);
}
```

十四、程序的单步跟踪

• 实验要求

（1）输入下面程序，用 Visual C++ 6.0 的单步跟踪功能和 Variables 窗口对该程序进行调试。注意观察函数执行过程（要用 Step Into）和函数参数的变化。

```
include < stdio. h>
int max( int x, int y)
{
    if (x > y)
        return x;
    else
        return y;
}
void main()
{
    int a, b;
    scanf(" % d % d",&a, &b);
    printf("the max of % d and % d is % d\n",a,b,max(a,b));
}
```

（2）输入下面的程序，用 Visual C++ 6.0 的单步跟踪功能和 Variables 窗口对该程序进行调试。注意观察函数执行过程（要用 Step Into）和函数参数的变化，体会为什么没有实现两个参数的交换。

```
# include < stdio. h>
void swap( int x, int y)
{
    int temp;
    printf("in swap function before swap: x = % d, y = % d\n",x, y);
    temp = x;
    x = y;
    y = temp;
    printf("in swap function after swap: x = % d, y = % d\n",x, y);
}
void main()
{
    int a, b;
```

```
    printf("input two integers:");
    scanf("%d%d",&a,&b);
    printf("in main function before swap: a = %d,b = %d\n",a,b);
    swap(a,b);
    printf("in main function after swap: a = %d,b = %d\n",a,b);
}
```

十五、跟踪调试嵌套函数和递归函数的执行过程

• 实验要求

(1) 输入下面的程序,用 Visual C++ 6.0 的单步跟踪功能和 Variables 窗口对该程序进行调试。注意观察函数的嵌套执行过程(要用 Step Into),并记录程序中各个函数的各个变量的变化情况,体会局部变量的作用域。

```
#include<stdio.h>
long square(int p)
{
    int k;
    k = p * p;
    return k;
}
long factor(int q)
{
    long c = 1;
    int i;
    long j;
    j = square(q);
    for(i = 1;i <= j;i++)
        c = c * i;
    return c;
}
void main()
{
    int i;
    int n;
    long s = 0;
    scanf("%d",&n);
    for(i = 1;i <= n;i++)
        s = s + factor(i);
    printf("s = %ld\n",s);
}
```

(2) 输入下面的程序,用 Visual C++ 6.0 的单步跟踪功能和 Variables 窗口对该程序进行调试。注意观察递归函数执行过程(要用 Step Into)和函数参数的变化。

```
#include<stdio.h>
long Fibonacci(int k)
{
    if (k == 0 || k == 1 )
        return 1;
    else
```

```
        return Fibonacci(k.1) + Fibonacci(k.2);
}
void main()
{
    int n;
    scanf(" % d",&n);
    printf("result is % ld. \n",Fibonacci(n));
}
```

（3）运行下面的程序，看看实现什么功能。

```
# include < stdio. h >
void fun( int a)
{
    int i;
    if (a == 1)
    {
        printf(" * \n");
        return;
    }
    for (i = 0;i < a;i++)
        printf(" * ");
    printf("\n");
    fun(a.1);
}
void main()
{
        fun(4);
}
```

第 8 章

指　针

8.1　知识要点

C 语言中普通变量的数据存储在内存中,存放变量数据的内存空间的首地址称为变量的地址。C 语言中有一种特殊的变量,专门用来存放另一个变量的地址,我们称它为指针。

8.1.1　指针变量的定义

在计算机中,所有的数据都存放在存储器中。一般把存储器中的一个字节称为一个内存单元,不同的数据类型所占用的内存单元的个数不等,如在 VC 环境下,基本整型占 4 个字节,字符型占 1 个字节,单精度实型占 4 个字节等。每个内存单元都有一个编号,根据内存编号可以找到内存单元。这个内存单元的编号就叫地址。C 语言把内存单元的地址称为指针。内存单元的地址和内存单元的内容是两个不同的概念,读者一定要把它们分清楚。

指针就是内存地址,在 C 语言中,如果一个变量存放的是某个内存单元的地址,我们就形象地把它比喻成这个变量指向该内存单元,把存放地址的变量称为指针变量。指针变量的类型由它指向的内存中存放的数据类型来决定。指针就是存放数据的内存单元的首地址。

通过 C 语言中的指针类型,用户就能够直接访问(读写)内存,对用户来说,增加了一种方法来访问内存单元中的数据。

指针变量就是用来存放指针数据的变量,指针变量专门用来存放某种类型变量的首地址(指针值),这种存放某种类型数据的首地址的变量被称为该种类型的指针变量。指针变量的一般定义形式如下:

类型说明符 *指针变量名;

8.1.2　变量的指针和指向变量的指针变量

变量的指针,就是变量的首地址;指向变量的指针变量,是用来存放变量地址的指针变量。指针变量的类型是"指针类型",这是不同于整型或者字符型等其他类型的。指针变量是专门用来存储地址的。

8.1.3 数组的指针和指向数组的指针变量

数组的指针是指数组的起始地址,而数组中某个元素的指针就是这个数组元素的地址。

指向数组的指针变量,其定义与指向变量的指针变量的定义相同,即指针变量内存放的是数组的首地址。

8.1.4 字符串的指针和指向字符串的指针变量

字符串的指针即字符串常量的首地址。指向字符串的指针变量,其变量的类型仍然是指针类型,它保存的是字符串的首地址,或者是字符数组的首地址。

8.1.5 指针数组

一个数组,如果其元素均为指针类型的数据,则称该数组为指针数组。指向同一数据类型的指针组织在一起构成一个数组,这就是指针数组。数组中的每个元素都是指针变量,根据数组的定义,指针数组中每个元素都为指向同一数据类型的指针。指针数组的一般定义形式为:

类型说明符 ∗数组名[整型常量表达式];

8.1.6 函数的指针和指向函数的指针变量

函数的指针:指针变量不仅可以指向整型、实型变量、字符串、数组,还可以指向一个函数。每一个函数都占用一段内存,在编译时被分配一个入口地址,这个入口地址就是函数的指针。可以让一个指针变量指向函数,然后就可以通过调用这个指针变量来调用函数。

指向函数的指针变量的一般定义形式是:

类型说明符 (∗指针变量名)();

这种指针变量中保存的是函数的入口地址,定义中的类型说明符声明的类型即为所指向的函数的返回值的类型。

8.1.7 用指针作函数参数

函数指针可以作为参数传递到其他函数,可以把指针作为函数的形参。在函数调用语句中,也可以用指针表达式来作为实参。

返回指针值的指针函数是指函数除了可以返回整型、字符型、实型和结构体类型等数据外,还可以返回指针类型的数据。对于返回指针类型数据的函数,在函数定义时,也应该进行相应的返回值类型说明。

8.1.8 指向指针的指针

指向指针的指针记录的是指针变量的首地址,指向指针的指针的一般定义形式为:

类型说明符 ∗∗指针变量名;

8.2　例题分析与解答

一、选择题

1. 若定义"int a = 511, ＊b = &a；","则 printf("％d\n"，＊b)；"的输出结果为_____。

  A. 无确定值　　　　B. a 的地址　　　　C. 512　　　　D. 511

  分析：b 是指针变量,并且 b 中存放的是变量 a 的首地址,＊b 表示指针变量 b 所指向的对象,其中 ＊ 是指向运算,所以 ＊b 即代表 a。

  答案：D

2. 设有定义语句："float s[10], ＊p1 = s, ＊p2 = s + 5;",下列表达式错误的是_____。

  A. p1 = 0xffff　　　B. p2－－　　　　C. p1－p2　　　　D. p1<=p2

  分析：当两个指针变量指向同一个数组时,每个指针变量都可以进行增1、减1运算,两个指针变量之间可以进行减法运算和关系运算。故答案 B,C,D 是正确的。答案 A 是错误的,因为 C 语言规定,所有的地址表达式中,不允许使用具体的整数来表示地址。

  答案：A

3. 以下程序调用 findmax 函数返回数组中的最大值,在下划线处应填入的是_____。

```
#include "stdio.h"
findmax(int  *a,int  n)
    { int   *p, *s;
      for(p = a,s = a;p － a < n; p++)
      if (_____) s = p;
      return(*s);
    }
    main()
    {
      int   x[5] = {12,21,13,6,18};
      printf("%d\n",findmax(x,5));
    }
```

  A. p＞s　　　　　　B. ＊p＞＊s　　　　C. a[p]＞a[s]　　D. p－a＞p－s

  分析：题目中已说明 findmax 函数返回数组中的最大值,函数中形参传入的是数组的首地址和数组元素的个数,指针变量 p,s,其中 p 用作遍历数组,s 用作记录较大元素的地址,能看出 if 语句的条件是比较数据的大小,选项 A 和 D 是比较指针大小,显然不符合题意,选项 C 指针用法错误,选项 B 正确,利用指针的指向运算,比较数据大小。

  答案：B

4. 有下列定义语句："char　s[] = "12345", ＊p = s;",下列表达式中错误的是_____。

  A. ＊(p+2)　　　　B. ＊(s+2)　　　　C. p = "ABC"　　D. s = "ABC"

  分析：选项 A 中,指针变量 p 已指向数组 s 的首地址,则 p+2 代表数组元素 s[2] 的地址,*(p+2)就代表数组元素s[2],是正确的。选项B中,s是数组名,代表数组的首地址,s+2代表数组元素s[2]的地址,*(s+2)代表数组元素s[2],正确。选项C中,C语言规定,在程序中可以使用赋值运算符将字符串常量直接赋予字符型指针变量,故C正确。D是错误的,原因是C语言规定,在程序中不允许将字符串常量直接赋予字符型数组名。

答案:D

5. 若有定义"int　aa[8];",则以下表达式中不能代表数组元素 aa[1]的地址的是_____。

　　A. &aa[0]+1　　　　　　　　　　　B. &aa[1]

　　C. &aa[0]++　　　　　　　　　　　D. aa+1

分析:选项A先取 aa[0]的地址,然后进行地址加1,能表示 aa[1]的地址;选项B直接得出 aa[1]的地址;选项D将数组的首地址加1,也能表示 aa[1]的地址;选项C错误,因为 &aa[0]不能被++。

答案:C

6. 以下程序的输出结果是_____。

```
#include<stdio.h>
 #include<string.h>
main()
{ char b1[8] = "abcdefg",b2[8], * pb = b1 + 3;
  strcpy(b2,pb);
  printf(" % d\n",strlen(b2));
}
```

　　A. 8　　　　　　　B. 3　　　　　　　C. 1　　　　　D. 4

分析:本题中 pb 指向 b1 中的第 4 个字母 d,strcpy(b2,pb)的功能是将 pb 所指的位置直到\0为止的字符串复制到 b2 中,即将字符串"defg\0"复制到 b2 中。strlen()函数求字符串长度时不包括'\0'。故 b2 中字符串长度为4。

答案:D

7. 设有语句"int　x[4][10], * p = x;",则下列表达式中不属于合法地址的是_____。

　　A. &x[1][2]　　　B. *(p+1*10+2)　　C. x[1]　　　D. p+1*10+2

分析:选项A中,x[1][2]是合法的数组元素,所以 &x[1][2]是数组元素 x[1][2]的地址。选项B中,由于指针变量指向二维数组首地址,"*(指针变量+行下标*列长度+列下标)"是表示数组元素 x[1][2],不是表示地址,该选项错。选项C中,x[1]代表数组 x 中行下标为1的所有元素组成的一维数组名,即该一维数组的首地址。选项D代表数组元素 x[1][2]的地址。

答案:B

8. 设有定义语句"char　s[3][20],(*p)[20]=s;",则下列语句中错误的是_____。

　　A. scanf("%s",s[2]);　　　　　　　B. gets(p+2);

　　C. scanf("%s", *(p+2)+0);　　　　　D. gets(s[2][0])

分析:选项A和选项C是通过 scanf()函数输入一个字符串,该函数中的第2个参数要求是地址。选项 A 中的 s[2]是一个地址,表示输入的字符串存入数组 s 中的第 2 行,正确。选项 C 中的 *(p+2)+0 相当于 s[2][0]的地址,正确。选项 B 和 D 通过函数 gets()输入字符串,该函数的参数是地址。选项 B 中的 p+2 是字符数组 s 的第 2 行的首地址,正确。选项 D 中的 s[2][0]是数组元素,不是地址,错误。

答案:D

9. 以下三个程序中,_____不能对两个整型变量的值进行交换。

A.

```c
# include < stdio. h >
  main()
  {
    int a = 10,b = 20;
    swap(&a,&b);
    printf(" % d % d\n",a,b);
  }
  swap(int * p,int * q)
    { int * t;
     * t = * p;
     * p = * q;
     * q = * t;
    }
```

B.

```c
# include < stdio. h >
main()
{
    int a = 10,b = 20;
    swap(a,b);
    printf(" % d % d\n",a,b);
}
swap(int p,int q)
{
    int t;
    t = p;
    p = q;
    q = t;
}
```

C.

```c
# include < stdio. h >
main()
{
    int a,b;
    a = 10;b = 20;
    swap(&a,&b);
    printf(" % d % d\n",a,b);
}
swap(int * p,int * q)
```

```
    {
        int t;
        t = * p;
        * p = * q;
        * q = t;
    }
```

分析：选项 A 中，指针变量 t 没有指向任何存储单元，也就是没有存放数据的存储单元，当把 p 指向的数据存放到 t 指向的存储单元时，系统出错，不能实现交换的效果，故 A 错。选项 B 中，传入实参变量 a,b 的值传给形参 p,q,p,q 数据交换，但不能把结果传给实参 a,b，故 a,b 没有实现交换，B 错。选项 C 是标准的数据交换的做法，因为函数调用时，形参指针 p,q 分别指向变量 a,b 存储单元，利用指针把存储单元中的数据进行了交换。

答案：C

二、填空题

1. 对于变量 x，其地址可以写成 　【1】　 ；对于数组 a[10]，其首地址可以写成 　【2】　 或 　【3】　 ；对于数组元素 a[3]，其地址可以写成 　【4】　 或 　【5】　 。

分析：变量的地址可以写成"& 变量名"。数组的首地址就是数组名，也可以写成第一个元素的地址。数组元素的地址可以写成"& 数组元素"，也可写成数组的首地址＋下标。

答案：【1】& x　【2】a　【3】& a[0]　【4】& a[3]　【5】a＋3

2. 以下程序的输出结果是_____。

```
main()
{ char   * p = "abcdefgh", * r;
  int    * q;
  q = (int * )p;
  q++;
  r = (char * )q;
  printf(" % s\n",r);
}
```

分析：本题中，q＝(int ＊)p 是将指针 p 强制转换为长整型，并且将首地址赋值给 q，在 VC++ 中，int 型占用 4 个字节，作为 int 型指针 q,q＋＋是地址加，所以实际上是地址值加了 4 个字节的位置，即 q＋＋之后，q 指向字符串中字母 e，再将 q 强制转换为字符指针之后赋值给 r，输出 r，即从字母 e 开始输出其后的字符串。

答案：efgh

3. slen 函数的功能是计算 str 所指字符串的长度，并作为函数值返回，请填空。

```
# include "stdio.h"
main()
    { char    * p = "aca", * r;
      printf(" % d\n",slen(p));
    }
int   slen(char * str)
    { int  i;
      for(i = 0;  【1】  != '\0';i++);
      return   【2】  ;
    }
```

分析：根据题意，要求计算形参 * str 所传入的字符串的长度，并且返回字符串长度，程序中 for 循环应该是遍历统计 str 所指向的字符串的长度，填入 * (str+i) 或 str[i] 用来遍历字符串，判断是否到字符串结尾，遍历结束后，i 变量的当前值表示字符串中的字符个数。

答案：【1】* (str+i) 或 str[i]　【2】i

4. 以下程序求 a 数组中的所有素数的和，函数 isprime 用来判断自变量是否为素数。素数是只能被 1 和本身整除且大于 1 的自然数。

```
# include < stdio. h >
  main()
  {
  int i,a[10], * p = a, sum = 0;
  for(i = 0;i < 10;i++)
      scanf(" % d",&a[i]);
  for(i = 0;i < 10;i++)
      if( 【1】  == 1)
      {printf(" % d ", * (p + i));sum = sum + * (a + i); }
  printf("\nsum = % d\n",sum);
  }
  isprime( int x)
    { int i;
  for(i = 2;i < = x/2;i++)
      if(x % i == 0) return 0;
      【2】  ;
  }
```

分析：本题主函数中任意输入 10 个数，依次调用 isprime() 函数判断是否素数，然后计算素数的累加和。main() 函数中，利用指针 * (p+i) 遍历数组，子函数 isprime(x) 中，如果 x 被 i 整除，说明不是素数，返回 0，否则说明是素数，返回 1。

答案：【1】isprime(* (p+i)) 或者 isprime(* (a+i))　【2】return 1 或 return (1)

8.3　测试题

一、选择题

1. 若有定义"int x, * pb;"，则以下正确的赋值表达式是_____。

　　A. pb = &x　　　　B. pb = x　　　　C. * pb = &x　　　D. * pb = * x

2. 以下程序的输出结果是_____。

```
# include < stdio. h >
main()
{ printf(" % d\n",NULL); }
```

　　A. 因变量无定义输出不定值　　　　B. 0

　　C. −1　　　　　　　　　　　　　　D. 1

3. 以下程序的输出结果是_____。

```
void sub( int x,int y,int * z)
{ * z = y − x; }
main()
```

```
{ int a,b,c;
  sub(10,5,&a); sub(7,a,&b); sub(a,b,&c);
  printf("%d,%d,%d\n",a,b,c);
}
```

  A. 5,2,3   B. -5,-12,-7   C. -5,-12,-17   D. 5,-2,-7

4. 以下程序的输出结果是_____。

```
main()
{ int k=2,m=4,n=6;
  int *pb=&k, *pm=&m, *p;
  *(p=&n)= *pb*(*pm);
  printf("%d\n",n);
}
```

  A. 4   B. 6   C. 8   D. 10

5. 以下程序的输出结果是_____。

```
#include "stdio.h"
void prtv(int *x)
{ printf("%d  %d  %d\n",++(*x),++(*x),*x); }
main()
{ int a=25;
  prtv(&a);
}
```

  A. 27 26 25   B. 25 26 27
  C. 25 25 25   D. 26 27 25

6. 若有语句 int *point,a=4; 和 point=&a; 下面均代表地址的一组选项是_____。

  A. a,point, *&a   B. & *a,&a, *point
  C. *&point, *point,&a   D. &a,& *point,point

7. 下面判断正确的是_____。

  A. char *a="china"; 等价于 char *a; *a="china";
  B. char str[10]={"china"}; 等价于 char str[10]; str[ ]={"china"};
  C. char *s="china"; 等价于 char *s; s="china";
  D. char c[4]="abc",d[4]="abc"; 等价于 char c[4]=d[4]="abc";

8. 下面能正确进行字符串赋值操作的是_____。

  A. char s[4]={"ABCD"};
  B. char s[4]={'A','B','C','D','\0'};
  C. char *s; s="ABCD";
  D. char *s; scanf("%s",s);

9. 下面程序段的运行结果是_____。

```
char *s="abcde";
s+=2; printf("%s",s);
```

  A. cde   B. 字符'c'
  C. 字符'c'的地址   D. 无确定的输出结果

10. 以下代码中,count 函数的功能是统计 substr 在母串 str 中出现的次数,请将程序补充完整。

```
int count(char * str,char * substr)
{   int i,j,k,num = 0;
    for(i = 0;   【1】   ;i++)
{for(   【2】   ,k = 0;substr[k] == str[j];k++,j++)
  if(substr[   【3】   ] == '\0')
  {num++;break;}
  }
  return num;
}
```

【1】A. str[i]==substr[i]   B. str[i]!='\0'
    C. str[i]=-'\0'   D. str[i]>substr[i]

【2】A. j=i+1   B. j=i   C. j=i+10   D. j=1

【3】A. k   B. k++   C. k+1   D. k-1

11. 以下代码中,Delblank 函数的功能是删除字符串 s 中的所有空格(包括 Tab、回车符和换行符),请将程序补充完整。

```
# include "stdio.h"
# include "ctype.h"
# include "string.h"
void  Delblank(char s[])
{   int i,t;
    char c[80];
    for(i = 0,t = 0;   【1】   ;i++)
        if(!isspace(   【2】   ))c[t++] = * (s + i);
    c[t] = '\0';
    strcpy(s,c);
}
void main()
{   char   s[] = "ab b a ";
    Delblank(s);
    printf(" % s\n",s);
}
```

【1】A. * (s+i)   B. !s[i]   C. s[i]='\0'   D. s[i]=='\0'

【2】A. s+i   B. * c[i]   C. * (s+i)='\0'   D. * (s+i)

12. 以下代码中,conj 函数的功能是将两个字符串 s 和 t 连接起来,请将程序补充完整。

```
# include "stdio.h"
void conj(char * s,char * t)
{   while( * s)   【1】   ;
while( * t)
{   * s =   【2】   ;s++;t++;}
    * s = '\0';
      【3】   ;
}
```

```
void main()
{   char  s[10] = "ab",s1[] = "123";
    conj(s,s1);
    printf("% s\n",s);
}
```

【1】A. s——   B. s++   C. s   D. * s

【2】A. * t   B. t   C. t——   D. * t++

【3】A. return s   B. return t   C. return * s   D. return * t

13. 设有说明"char （ * str)[10]；"，则标识符 str 的意义是_____。

    A. str 是一个指向有 10 个 char 型元素的数组的指针

    B. str 是一个有 10 个元素的数组，数组元素的类型是指向 char 型的指针

    C. str 是一个指向 char 型函数的指针

    D. str 是具有 10 个指针元素的一维指针数组

二、填空题

1. 专门用来存放某种类型变量的首地址的变量被称为该种类型的 【1】 ，它的类型是" 【2】 "。

2. 数组的指针是指数组的 【1】 ，而数组中某个元素的指针就是 【2】 。

3. 指向字符串的指针变量的类型仍然是 【1】 ，它保存的是字符串的 【2】 ，或者是 【3】 。

4. 对于变量 x，其地址可以写成 【1】 ；对于数组 y[10]，其首地址可以写成 【2】 或 【3】 ；对于数组元素 y[3]，其地址可以写成 【4】 或 【5】 。

5. 如果要引用数组元素，可以有两种方法： 【1】 和 【2】 。

6. 在 C 语言中，实现一个字符串的方法有两种：用 【1】 实现和用 【2】 实现。

7. 每一个函数都占用一段内存，在编译时被分配一个_____，这个就是函数的指针。可以让一个指针变量指向函数，然后就可以通过调用这个指针变量来调用函数。

8. 以下程序用指针指向三个整型存储单元，输入三个整数，并保持这三个存储单元中的值不变，选出其中最小值并输出。

```
# include  "stdio. h"
main()
    { int a,b,c, * min;
      scanf("% d % d % d",&a,&b,&c);
      min = &a;
      if(  【1】  ) min = &b  ;
      if(  * min > c)  【2】  ;
      printf("输出最小的整数: % d\n",  【3】  );
    }
```

9. 阅读以下程序：

```
# include  "stdio. h"
main()
{
    char str1[] - "how do you do",str2[10];
```

```
      char  * ip1 = str1, * ip2 = str2;
      scanf(" % s",ip2);
      printf(" % s",ip2);
      printf(" % s\n",ip1);
}
```

运行上面的程序,输入字符串 12345<CR>,则程序的输出结果是_____。

10. 阅读并运行下面的程序,如果从键盘上输入字符串 china 和字符串 boy,则程序的输出结果是_____。

```
# include "string. h"
# include "stdio. h"
  Len(char a[ ],char b[ ])
{ int num = 0,n = 0;
  while( * (a + num)!= '\0')
     num++;
  while(b[n])
  {  * (a + num) = b[n];
    num++;
    n++;}
  return num;
}
main()
{ char str1[81],str2[81], * p1 = str1, * p2 = str2;
  gets(p1);
  gets(p2);
  printf(" % d\n",Len(p1,p2));
}
```

11. 以下程序的输出结果是_____。

```
# include "string. h"
# include "stdio. h"
main( )
{ int * var,ab;
ab = 100; var = &ab; ab = * var + 10;
printf(" % d\n", * var);
}
```

12. 以下程序的输出结果是_____。

```
int ast(int x, int y, int * cp, int * dp)
{  * cp = x + y;
   * dp = x - y;
}
main( )
{   int a,b,c,d;
    a = 4; b = 3;
    ast(a,b,&c,&d);
    printf(" % d  % d\n",c,d);
  }
```

13. 完善下面程序,要求得到如下的运行结果:

Follow me
Basic
Fortran
Great Wall
Computer design

请填空。

```c
#include   "stdio.h"
main()
{
char  *name[]={"Follow me","Basic", "Fortran",
        "Great Wall","Computer design"};
int i;
for(i=0;i<5;i++)
        _____;
}
```

14. 若有定义: char ch, *p;

(1) 使指针 p 指向变量 ch 的赋值语句是 【1】 。

(2) 通过指针 p 给变量 ch 赋值的 scanf 函数调用语句是 【2】 。

(3) 通过指针 p 给变量 ch 的赋值字符 'a' 的语句是 【3】 。

(4) 通过指针 p 输出 ch 中字符的语句是 【4】 。

15. 若有 5 个连续的 int 类型的存储单元并赋值,且指针 p 和指针 s 的类型皆为 int,p 已指向存储单元 a[1],则:

(1) 通过指针 p,给 s 赋值,使 s 指向最后一个存储单元 a[4]的语句是 【1】 ;

(2) 移动指针 s,使之指向存储单元 a[2]的表达式是 【2】 ;

(3) 已知 k=2,指针 s 已指向存储单元 a[2],表达式 *(s+k)的值是 【3】 ;

(4) 指针 s 已指向存储单元 a[2],不移动指针 s,通过 s 引用存储单元 a[3]的表达式是 【4】 。

三、编程题

1. 输入 10 个整型数据,按照由大到小的顺序排序。

2. 输入三个整数,按照由小到大的排序,排序由自定义函数完成,要求用指针变量作为函数的参数。

3. 设有一数列,包含 10 个数,已按升序排好。现要求编一程序,它能够把从指定位置开始的 n 个数按逆序重新排列并输出新的完整数列。进行逆序处理时要求利用指针,试编程(例如,原数列为 1,3,4,5,6,7,9,10,12,14,若要求把从第 4 个数开始的 5 个数逆序重新排列,则得到的新数列为 1,3,4,10,9,7,6,5,12,14)。

4. 有三个学生,每个学生学习三门课,计算他们总的平均成绩以及第 n 个学生的成绩。要求用函数 ave 求总的平均成绩,用函数 search 找出并输出第 n 个学生的成绩。在编程时要使用二维数组指针作函数的参数。

5. 在上题的基础上,找出其中有不及格课程的学生及其学号。

6. 用指向指针的指针的方法对 5 个字符串排序并输出。

7. 要求用本章所讲的知识设计三个函数,实现下述功能:

(1) 将一个字符串中的字母全部变成大写,函数形式为 strlwr(字符串)。

(2) 将一个字符串中的字母全部变成小写,函数形式为 strupr(字符串)。

(3) 将字符数组 a 中下标为单数的元素值赋给另外一个字符数组 b,然后输出 a 和 b 的内容。

8.4 实验题

一、计算两数的和与积

· 实验要求

编写程序,利用指针输入两个整数,并通过指针变量计算它们的和与积。

· 实现代码

```
# include "stdio.h"
void main()
{ int x,y,sum,cj;
  int   * px, * py;
   【1】   ;py = &y;
  printf("enter 2 integers:\n");
  scanf("%d%d",px,  【2】  );
  sum = * px + * py;
  cj =  【3】  ;
  printf("%d   %d\n",sum,cj);
}
```

二、从字符串中提取数字

· 实验要求

编写一个程序,将用户输入的字符串中的所有数字提取出来。

· 算法分析

判断 ch 的值是否为数字字符的条件是 ch>='0'&& ch<='9'。

完善下面的程序。

```
# include < stdio. h>
void main()
{ har str[80],digit[80];
  char * ps;
  int i = 0;
  gets(str);
  ps = str;
  while( * ps!= '\0')
  {if( * ps >= '0' && * ps <= '9')
    { 【1】  ;
        i++;
    }
   【2】  ;
```

```
    }
    【3】 ;
    printf("%s\n",digit);
}
```

三、统计字符串的长度

• **实验要求**

编写程序,利用指针求字符串的长度。

• **算法分析**

设 k 为记录字符串长度的变量,初值为 0。用 for 循环实现,当循环开始时,指针 p 指向字符串中的第一个字符,判断该字符是否为 '\0'(字符串结束标志),如果不是则 k++,p++(p 指向下一个字符)。如果该字符为 '\0' 则循环结束,输出 k 值。

四、将 3 个数从大到小排序

• **实验要求**

编写程序,输入 3 个整数,利用指针对其从大到小排序。

• **算法分析**

方法 1:用指针变量 p1,p2,p3 分别指向待排序的三个数 a,b,c,通过指针调整 a,b,c 的大小顺序,使 a>b>c,最后输出 a,b,c。

方法 2:将 3 个数放到一维数组中,指针指向一维数组,利用指针对一维数组中的数据进行排序。

五、一维数组的大小值交换问题

• **实验要求**

输入 10 个整数,将其中最小数与第一个数交换,将最大数与最后一个数交换(假定第一个数不是最小值,最后一个数不是最大值)。写 3 个函数:

(1) 输入 10 个数;

(2) 数据处理;

(3) 输出 10 个数。

在主函数中调用上述 3 个自定义函数。

• **算法分析**

将输入的 10 个整数存放到一维数组中。在数据处理函数中,指针 pmax 和 pmin 初始值是数组中第一个元素的地址,即都指向数组中的第一个元素。用一重循环寻找数组中的最大值和最小值,循环控制变量作为数组元素的下标,用指针 pmax 和 pmin 分别指向最大值和最小值。自定义函数的实参和形参使用数组名。利用 for 循环的循环控制变量 i 作为数组元素的下标。

六、逆序排列

• **实验要求**

编写程序,将 n 个数按输入时的顺序逆序排序。要求如下:

(1) 用自定义函数完成 n 个数的逆序排列。

(2) 在 main 函数中输入 n 的值及 n 个数,然后调用自定义函数完成逆序排列,并输出逆序排列结果。

• **算法分析**

方法 1:用两个一维数组完成逆序排列,将一个数组中的数据逆序存放到另一个数组中即可。

方法 2:在已知数组中完成逆序排列。用两个指针分别指向数组中的头和尾,进行如下操作:a.将指针指向的数据交换;b.将指向头的指针后移,指向末尾的指针前移,重复上述a、b 操作,直到两个指针相遇为止。

七、求一维数组中的最小数

• 实验要求

编写程序,求一维整型数组中数据的最小值。要求:

(1) 编写一个函数 getmin 求一维整型数组中数据的最小值。

(2) 函数原型:void getmin(int b[], int *pmin)。

(3) 函数的参数为整型数组的首地址和存储最小值元素的变量地址。

• 算法分析

在主函数中输入 10 个整数存放到一维数组 a 中,通过调用函数 getmin(a,&min)将 a 数组中的数据传递给自定义函数 getmin 中的形参数组 b,自定义函数中的形参指针 pmin 指向主函数中的存放最小值变量 min(传地址)。在自定义函数中寻找最小值,并将最小值存放在 pmin 指向的存储单元中。

八、矩阵转置

• 实验要求

编写程序,将一个 3×3 的矩阵转置(行列互换,即矩阵中第一行元素和第一列元素交换,第二行元素和第二列元素交换,第三行元素和第三列元素交换)。

• 算法分析

以主对角线为对称轴,将主对角线两侧的对称元素互换值即可。

用双重循环嵌套的形式,外层循环控制变量 i 作为行下标,内层循环控制变量 j 作为列下标。外层循环控制变量 i 从 1 到 3,内层循环控制变量 j 从 1 到 i(或 j 从 i 到 3),在内层循环体中将 a[i][j] 与 a[j][i] 交换。

九、求二维数组累加和

• 实验要求

已知 5×5 的二维数组 a,按下列要求编写程序:

(1) 利用指针求其每行的和。

(2) 利用指针求其每列的和。

(3) 利用指针求所有元素的和。

• 算法分析

求二维数组中的行和与列的和可以用行指针 ph(int (*ph)[5];)控制,ph 开始时指向第 0 行(行下标从 0 开始),即 ph 为第 0 行的首地址,则 *ph 指向第 0 行第 0 列(列下标从 0 开始)元素,即 *ph 为 &a[0][0],(*ph+i)则指向第 i 行第 0 列元素,即 &a[i][0],(*ph+i)+j 指向第 i 行第 j 列元素,即 &a[i][j]。

求所有元素的和用变量指针 p(int *p;)控制,p 开始时指向二维数组中第一个元素,p++则指向第二个元素,以此类推,直到 p 指向最后一个元素为止,把 p 指向的所有元素累加即可。

十、统计学生成绩

• **实验要求**

有一个班4个学生,5门课,按下列要求编写程序:

(1) 求第一门课的平均分。

(2) 找出有2门以上课程不及格的学生,输出他们的学号和全部课程成绩。

(3) 找出平均成绩在90分以上或全部课程在85分以上的学生,输出他们的学号、全部课程成绩和平均成绩。

要求:① 不用指针,分别编写3个函数实现以上3个要求。

② 利用指针,分别编写3个函数实现以上3个要求。

③ 输入、输出在main函数中完成。

• **算法分析**

定义一个结构体类型的一维数组a[4],存放4个学生的信息,定义形式如下:

```
struct   student
{int   num;              //学号
 int   cj[5];            //5门课成绩
 int   ave;             //5门课的平均成绩
}a[4];
```

使指针p指向数组a,利用p来引用结构体数组中的成员。

十一、字符串排序

• **实验要求**

编写程序,用指针数组对4个字符串从小到大排序。

• **算法分析**

定义字符指针数组pstr,它由4个元素组成,分别指向4个字符串常量,即初始值分别为4个字符串的首地址,如图8-1所示。用一个双重循环对字符串进行排序(选择排序法)。在内层循环if语句的表达式中调用了字符串比较函数strcmp,其中,pstr[i] ,pstr[j]是要比较的两个字符串的指针。当字符串pstr[i]大于、等于或小于字符串pstr[j]时,函数返回值分别为正数、零和负数。最后使用一个单循环将字符串以"%s"的格式按从小到大的顺序输出。

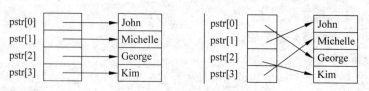

图 8-1   指针数组 pstr

十二、用指针数组处理二维数组

• **实验要求**

完善下面程序,输出2×3数组中所有元素的值。

• **算法分析**

指针数组不仅可以存放多个字符串,也可以存放其他类型变量的地址。

例如：int　　＊p[4]；表示 p 是一个指针数组名，该数组有 4 个数组元素，每个数组元素都是一个指针，指向整型变量。

本题中可定义：int　　＊pa[2]；
　　　　　　　　pa[0] = a[0]；pa[1] = a[1]；

程序如下：

```
# include < stdio.h>
void main( )
{   int a[2][3], * pa[2];
    int i,j;
pa[0] = a[0];
pa[1] = a[1];
    for(i = 0;i < 2;i++)
    for(j = 0;  【1】  ;j++)
        a[i][j] = (i + 1) * (j + 1);
for(i = 0;i < 2;i++)
    for(j = 0;j < 3;j++)
    {   printf("a[ % d][ % d]: % 3d\n",i, j, * pa[i]);
        【2】 ;
    }
}
```

十三、指针参数交换

· 实验要求

输入下列程序：

```
void swap(int * p1, int * p2)
{
    int temp;
    temp =  * p1;
     * p1 =  * p2;
     * p2 = temp;
}
void main()
{
    int * p_max, * p_min, a, b;
    printf("请输入两个数 a 和 b\n");
    scanf(" % d, % d", &a, &b);
    p_max = &a;
    p_min = &b;
    /* 若 a 比 b 小则需交换指针 p_max 和 p_min 所指向的变量 */
    if (a < b)
        swap(p_max, p_min);
    printf("\u % d,  % d\n", a, b);
}
```

（1）利用 Visual C++ 6.0 的单步跟踪和 Variables 窗口调试这个程序，并观察各个变量的变化情况。分析为什么能够实现两个变量的交换。

（2）使用如下三个函数代替 swap 函数，是否能够实现交换？为什么？运行对应的程序来检验你的分析。

函数 1：

```
void swap1(int * p1, int * p2)
{
    int * temp;
    * temp =  * p1;
    * p1 =  * p2;
    * p2 =  * temp;
}
```

函数 2：

```
void swap2(int i, int j)
{
    int temp;
    temp = i;
    i = j;
    j = temp;
}
```

函数 3：

```
void swap3(int * p1, int * p2)
{
    int * temp;
    temp = p1;
    p1 = p2;
    p2 = temp;
}
```

十四、字符串程序跟踪

· 实验要求

仔细观察并分析下面程序的输出，会有意想不到的收获。

程序 1：

```
# include < stdio. h >
# include < string. h >
void main()
{
    char * p1, * p2, str[50] = "ABCDEFG";
    p1 = "abcd";
    p2 = "efgh";
    strcpy(str + 1, p2 + 1);
    strcpy(str + 3, p1 + 3);
    printf(" % s", str);
}
```

程序 2：

```
# include < stdio. h >
# include < string. h >
```

```
void main( )
{
    char b1[18] = "abcdefg",b2[8], * pb = b1 + 3;
    while( -- pb > = b1)
        strcpy(b2,pb);
    printf(" % d\n",strlen(b2));
}
```

程序3：

```
# include < stdio. h >
char cchar(char ch)
{
    if (ch > = 'A'&&ch < = 'Z')
        ch = ch - 'A' + 'a';
    return ch;
}
void main()
{
    char s[ ] = "ABC + abc = defDEF", * p = s;
    while( * p)
    {
        * p = cchar( * p);
        p++;
    }
    printf(" % s\n",s);
}
```

十五、指针变量跟踪分析

· **实验要求**

运用调试功能，单步跟踪运行，观察变量值的变化情况。

(1) 运行如下程序，观察并分析运行结果：

```
# include < stdio. h >
void main( )
{
    short a[10] = {0,1}, b[3][4] = {0,1,2,3,4};
    short * p1 = a, ( * p2)[4] = b, * p3 = b[0];
    printf(" % x  % d\n",a,a[0]);
    printf(" % x  % x  % d\n",b,b[0],b[0][0]);
    intf(" % x  % d  % x  % d\n",p1, * p1,p1 + 1, * (p1 + 1));
    printf(" % x  % d  % x  % d\n",p2,p2[0][0],p2 + 1, * (p2 + 1)[0]);
    printf(" % x  % d  % x  % d\n",p3, * p3,p3 + 1, * (p3 + 1));
}
```

(2) 对于如下程序，使用单步跟踪和 Variables 窗口观察并分析变量的变化情况：

```
# include < stdio. h >
void main( )
{
    char string1[ ] = "Hello,world!";
```

```
        printf("%s\n", string1);
        char * string2 = "Hello, world!";
        printf("%s\n", string2);
        char * string3;
        string3 = string1;
        printf("%s\n", string3);
}
```

(3) 对于如下程序,使用单步跟踪和 Variables 窗口观察并分析变量的变化情况:

```
# include < stdio. h >
# include < string. h >
void main( )
{
    char * name[ ] = {"Zhang San","Li Si","Wang Wu","Feng Liu"};
    int i,j,min;
    char * temp;
    for(i = 0;i < 3;i++)
    {
        min = i;
        for(j = i;j < 4;j++)
            if(strcmp(name[min],name[j])> 0)
            min = j;
        if(min!= i)
        {
            temp = name[i];
            name[i] = name[min];
            name[min] = temp;
        }
    }
    printf("排序后各字符串依次为: \n");
    for(i = 0;i < 4;i++)
        printf("%s\n",name[i]);
}
```

第9章

结构体和共用体

9.1 知识要点

结构体能将一定数量的不同类型的成分组合在一起,构成一个有机的整体。共用体类型是将同一区域供不同类型的数据使用(但不在同一时刻),这些不同的数据,可以形成一种新的数据构造类型,即共用体类型。

9.1.1 结构体的概念

结构体和数组都是属于构造(复合)数据类型,都由多个数据项(也称为元素)复合而成,区别是数组由相同数据类型的数据项组成,结构体由不同数据类型的多个数据项组合而成。

9.1.2 结构体类型的定义

"结构体"是一种构造类型,它是由若干"成员"组成的,每一个成员可以是一个基本数据类型或者又是一个构造类型。结构体在使用之前必须先定义它。

结构体的定义形式如下:

```
struct 结构体名
{
类型标识符    成员名;
类型标识符    成员名;
…
};
```

例如:

```
struct student
{
  int num;
  char name[20];
  char sex;
  float score;
};
```

9.1.3　结构体类型成员的引用

C语言系统中除了允许具有相同类型的结构体变量相互赋值以外,一般对结构体变量的使用,包括赋值、存取、运算等都是通过结构体变量的成员来实现的。对结构体变量成员的一般引用形式是:

结构体变量名.成员名

例如:

```
struct  student  stu1,stu2;        /*定义两个结构体类型的变量*/
stu1.num                           /*即第一个变量的学号*/
stu2.sex                           /*即第二个变量的性别*/
```

9.1.4　结构体变量的指针和结构体指针变量

结构体变量的指针就是结构体变量所占据的内存段的起始地址。结构体指针变量的值就是结构体变量的起始地址。指针变量可以指向单个的结构体变量,当然也可以指向结构体数组中的元素。定义结构体指针变量的一般形式是:

struct 结构体名 *结构体指针变量名;

例如:

struct student *pstu;

定义了结构体指针变量以后,就可以通过该变量来访问结构体变量了。访问的一般形式如下:

结构体指针变量名->成员名　　　或　　　(*结构体指针变量名).成员名

其中,"->"称为指向运算符,这样就得到了三种等价的形式:

结构体变量名.成员名;
结构体指针变量名->成员名;
(*结构体指针变量名).成员名;

9.1.5　指向结构体数组的指针

对于结构体数组及其元素,可以用指针或者指针变量来指向,即结构体指针变量可以指向一个结构体数组,这时结构体指针变量的值是整个结构体数组的起始地址。

指针变量也可以指向结构体数组的一个元素,这时结构体指针变量的值是该结构体数组元素的起始地址。

9.1.6　共用体

共用体又称为"联合体"。"共用体"类型的结构是使几个不同的变量共占同一段内存的结构。"共用体"类型变量的定义形式为:

```
union 共用体名
{成员表列
}变量表列;
```

例如：

```
unton    data
{int   i;
char ch;
float f;
};
union   data   a,b,c;
```

说明：共用体变量所占的内存长度等于最长的成员的长度。如上面定义的"共用体"变量 a,b 和 c 各占 4 个字节,因为 float 类型占 4 个字节。

9.1.7 typedef 的用法

关键字 typedef 可用来为已定义的数据类型定义一个"别名"。换句话说,用 typedef 可为数据类型起个"外号"。

例如：

```
typedef   int   integer;
typedef   unsigned   int   unint;
tupedef   struct student   student;
```

定义新的类型名 integer 是 int 的别名,uint 是 unsigned   int 的别名,student 是 struct student 的别名。

9.1.8 枚举类型

所谓"枚举"是指将变量的值一一列举出来,变量的值只限于列举出来的值的范围内。枚举类型定义形式如下：

```
enum   枚举类型名(枚举类型值);
```

例如：

```
enum   weekday(sun,mon,tue,wed,thu,fri,sat);
```

枚举类型变量定义：

```
enum   weekday   day,day1;
```

day 和 day1 是枚举类型的变量,它们的值只能是 sun 到 sat 之一。

如：day＝sun;   day1＝tue;

说明：枚举类型的值可以比较大小,比较规则是按其在定义时的顺序号比较。如果定义时未人为指定,则第一个枚举元素的值序号为 0,后面的元素依次加 1。如 sun 的序号为 0,mon 的序号为 1。

9.2 例题分析与解答

一、选择题

1. 设有以下说明语句：

```
typedef  struct
{int  n;
char  ch[8];
}PER;
```

则下面叙述中正确的是_____。

    A. PER 是结构体变量名　　　　B. PER 是结构体类型名

    C. typedef struct 是结构体类型　　D. struct 是结构体类型名

分析：根据 C 语言规定，typedef 可以用来声明类型名，但不能用来定义变量，显然题目中的 PER 不可能是变量名，只能是结构体类型名。

答案：B

2. 若有以下结构体定义：

```
struct  example
{int x;
int y;
}v1;
```

则_____是正确的引用或定义。

    A. example. x＝10;　　　　　　B. example v2; v2. x＝10;

    C. struct v2;v2. x＝10;　　　　D. struct example v2＝{10};

分析：A 的错误是通过结构体名引用结构体成员，B 的错误是将结构体名作为类型名使用，C 的错误是将关键字 struct 作为类型名使用，D 是定义结构体变量 v2 并对其初始化的语句，初始值只有前一部分，这是允许的。

答案：D

3. 在 VC++ 6.0 环境下，以下程序的输出结果是_____。

```
# include "stdio.h"
typedef  untion
{long  x[2];
int y[3];
char  z[2];
}MYTYPE;
main()
{MYTYPE them;
printf(" % d\n",sizeof(them));
}
```

    A. 32　　　　　　B. 16　　　　　　C. 8　　　　　　D. 24

分析：程序说明了一个共用体类型 MYTYPE，并定义了 them 为共用体类型 MYTYPE 的变量。程序要求输出变量 them 的所占的字节数。共用体中包含 3 个成员,占用存储空间最大的成员是 x 数组,占用 8 个字节,所以变量 them 所占用的存储空间是 8 个字节。

答案:C

4. 若有下面的说明和定义:

```
struct test
{
  int   m1;
  char  m2;
  float m3;
  union uu
  { char u1[5];
    int  u2[2];
  }ua;
}myaa;
```

则 sizeof(struct test)的值是_____。

    A. 17   B. 16   C. 14   D. 9

分析:本题是计算结构体变量的大小。结构体变量的大小是各个成员变量大小之和,其中成员变量 ua 是共用体类型,对于共用体来说,所占内存空间的大小等于此共用体中最大的成员长度,所以成员变量 ua 的大小为 8。由于 m1 大小为 4,m2 大小为 1,m3 大小为 4,所以总共是 17。

答案:A

5. 以下各选项企图说明一种新的类型名,其中正确的是_____。

    A. typedef v1 int;   B. typedef v2＝int;

    C. typedef int v3;   D. typedef v4∶int;

分析:本题涉及 typedef 类型定义,C 语言 typedef 的语法格式如下。

typedef　原类型名　新类型名

所以只有选项 C 符合 C 语言的语法规定。

答案:C

二、填空题

以下定义的结构体类型拟包含两个成员,其中成员变量 info 用来存入整型数据;成员变量 link 是指向自身结构体的指针,请将定义补充完整。

```
struct  node
{
int  info;
_____  * link;
};
```

分析:本题中的结构体类型定义涉及递归定义,只有链表中的结点才会这样定义,即链表结点的结构体定义中,有一个指向自身类型的指针类型分量。

答案:struct node

9.3 测试题

一、选择题

1. 当声明一个结构体变量时,系统分配给它的内存是_____。

    A. 各成员所需内存的总和

    B. 结构中第一个成员所需的内存量

    C. 成员中占内存量最大者所需的容量

    D. 结构中最后一个成员所需内存量

2. 设有以下说明语句:

```
struct   stu
{int   a;
float b;
}stutype;
```

则下面的叙述中不正确的是_____。

    A. struct 是结构体类型的关键字

    B. struct   stu 是用户定义的结构体类型

    C. stutype 是用户定义的结构体类型名

    D. a 和 b 都是结构体成员名

3. 根据下面的定义,能打印出字母 M 的语句是_____。

```
# include "stdio.h"
struct person{char   name[9];int age;};
struct person class[10] = {"John",17,"Paul",19,"Mary",18};
```

    A. printf("%c\n",class[2].name[0]);

    B. printf("%c\n",class[2].name[1]);

    C. printf("%c\n",class[3].name);

    D. printf("%c\n",class[3].name[0]);

4. 下面程序的运行结果是_____。

```
# include "stdio.h"
main()
{struct   cmplx{int x;int y;}cnum[2] = {1,3,2,7};
printf("%d\n",cnum[0].y/cnum[0].x * cnum[1].x);
}
```

    A. 0   B. 1   C. 3   D. 6

5. 若有以下定义和语句:

```
struct   student
{int age;   int   num;};
struct   student   stu[3] = {{1001,20},{1002,19},{1003,21}};
main()
{struct   student   * p;
```

```
        p = stu;
        ...
    }
```

则以下不正确的引用是_____。

  A.（p++）->num   B. p++

  C.（*p）.num   D. p=&stu.age

6. 若有以下说明和语句：

```
struct    student
{int age;
int num;
}std,*p;
```

则以下对结构体变量 std 中成员 age 的引用方式不正确的是_____。

  A. std.age   B. p->age   C.（*p）.age   D. *p.age

7. 当声明一个共用体变量时系统分配给它的内存是_____。

  A. 各成员所需内存的总和

  B. 结构中第一个成员所需的内存量

  C. 成员中占内存量最大者所需的容量

  D. 结构中最后一个成员所需内存量

8. C语言共用体类型变量在程序运行期间_____。

  A. 所有成员一直驻留在内存中

  B. 只有一个成员驻留在内存中

  C. 部分成员驻留在内存中

  D. 没有成员驻留在内存中

9. 对下面程序中的每个打印语句后的注释行内的_____,选择正确的运行结果。

```
#include "stdio.h"
main()
{union   {short int a[2];long b;char c[4];}s;
s.a[0] = 0x39;
s.a[1] = 0x38;
printf("%lx\n",s.b);  /*   【1】   */
printf("%c\n",s.c[0]); /*   【2】   */
}
```

【1】A. 390038   B. 380039   C. 3938   D. 3839

【2】A. 39   B. 9   C. 38   D. 8

10. 下面对 typedef 的叙述中不正确的是_____。

  A. 用 typedef 可以定义各种类型名,但不能用来定义变量

  B. 用 typedef 可以增加新类型

  C. 使用 typedef 有利于程序的通用和移植

  D. 用 typedef 只是将已存在的类型用一个新的标识符来代表

11. 以下程序的运行结果是_____。

```
typedef  union {long  a[2];short int b[2];char  c[8];}TY;
TY   our;
main()
{printf(" % d\n",sizeof(our));
}
```

　　　A. 32　　　　　　　B. 16　　　　　　C. 8　　　　　D. 4

二、填空题

1. 如果需要将几种不同类型的变量存放到同一段内存单元中,可以使用　【1】　类型数据。如果一个变量只有几种可能的值,则可以定义　【2】　类型数据结构。

2. 以下程序用来输出结构体变量 ex 所占存储单元的字节数,请填空。

```
# include "stdio. h"
   struct st
   { char name[20];
     double score;};
   main()
   { struct st ex;
     printf("ex size: % d\n",sizeof(_____));
   }
```

3. 若有下面的定义:

```
struct
{int x;int y;}s[2]={{1,2},{3,4}}, * p=s;
```

则表达式 ++p->x 的值为　【1】　,表达式(++p)->x 的值为　【2】　。

4. 以下程序的运行结果是_____。

```
struct  n
{int   x;
char c;
};
# include     "stdio. h"
main()
{struct  n   a={10,'x'};
func(a);
printf("% d, % c",a.x,a.c);
}
func(struct   n   b)
{b.x=20;  b.c='y'; }
```

5. 设有三人的姓名和年龄存在结构体数组中,以下程序输出三人中年龄居中者的姓名和年龄,请在_____上填入正确内容。

```
static  struct  man
{char   name[20];
int   age;
}person[ ]={"Liming",18,"Wanghua",19,"Zhangping",20};
```

```
main()
{int i,j,max,min;
max = min = person[0].age;
for(i = 1;i < 3;i++)
    if(person[i].age > max) 【1】    ;
        else if(person[i].age < min) 【2】   ;
for(i = 0;i < 3;i++)
    if((person[i].age < max  【3】   person[i].age > min )
        printf("%s   %d\n",person[i].name,person[i].age);
}
```

6. 以下程序调用 readrec 函数把 4 名学生的学号、姓名、4 项成绩以及平均分放在一个结构体数组中,学生的学号、姓名和 4 项成绩由键盘输入,然后计算出平均分放在结构体对应的成员中,调用 writerec 函数输出 10 名学生的记录。请在_____内填入正确的内容。

```
include "stdio.h"
struct stud
{char   num[5],name[10];
int s[4];
int ave;
};
main()
{struct  stud  st[30];
int i,k;
for(k = 0;k < 4;k++)readrec(&st[k]);
writerec(st);
}
readrec(struct stud   *rec)
{int i,sum;char ch;
gets(rec -> num);gets(rec -> name);
for(i = 0;i < 4;i++)scanf("%d", 【1】   );          /*读入 4 项成绩*/
ch = getchar();                                    /*跳过输入数据最后的回车符*/
sum = 0;
for(i = 0;i < 4;i++)sum = 【2】                      /*累加 4 项成绩*/
rec -> ave = sum/4.0;
}
writerec(struct  stud   *s)
{int k,i;
for(k = 0;k < 4;k++)
{   printf("%s   %s\n",(*(s+k)).num,(*(s+k)).name);
    for(i = 0;i < 4;i++)
        printf("  %5d", 【3】   );
    printf(" %5d\n",(*(s+k)).ave);
}
}
```

7. 位段就是以位为单位定义长度的 __【1】__ 类型中的成员,就是把一个字节中的二进制位划分为几个不同的区域,并说明每个区域的 __【2】__。

三、编程题

1. 利用结构体类型编一程序,实现输入一个学生的计算机程序设计课程的平时、期中和期末成绩,然后按平时占 10%,期中占 20%,期末占 70%的比例计算出该学生的学期成绩,并输出。

2. 利用指向结构体的指针编一程序,实现输入三个学生的学号、数学平时成绩、期中成绩和期末成绩,然后计算学期成绩,平时、期中和期末成绩所占比例分别为 10%,20% 和 70%。

3. 请定义枚举类型 money,用枚举元素代表人民币的面值。包括 1 角、5 角、1 元、5 元、10 元、50 元和 100 元。

9.4　实验题

一、编程求复数

- **实验要求**

编写程序,用结构体的方法进行两个复数的相减。

- **算法分析**(略)

完善下列程序。

```
# include < stdio.h>
struct Complex
{double m_r;                          //定义复数的实部
 double  m_i;                         //定义复数的虚部
};
void main()
{ struct Complex c1 = {1.2,2.3},c2 = {0.2,0.3};
 struct Complex c;
         【1】        ;
  c.m_i =   【2】   ;
 printf("c = %g + i%g\n",c.m_r,c.m_i);
}
```

二、编程,判断某日是本年中的第几天

- **实验要求**

定义一个包括年、月、日的结构体。编写程序,输入一个日期,计算该日在本年中是第几天。注意闰年问题。

- **算法分析**

判断闰年的条件是:年份能被 4 整除,但不能被 100 整除,为闰年;年份能被 400 整除为闰年。如果是闰年则 2 月份为 29 天,否则为 28 天。

要求输出某日是当年的第几天(用 d 表示),d 应加上过去月份的天数和当月过去的天数。

完善下列程序。

```
# include < stdio.h>
struct djt
{    int day;
      【1】 ;
    int year;
```

```
};
void main()
{   int dayof[13] = {0,31,28,31,30,31,30,31,31,30,31,30,31};
    struct djt date, * p;
    int i,d;
    printf("请输入年、月、日：\n");
    scanf(" % d % d % d",&date. year,&date. month,&date. day);
    ___【2】___ ;
    if(p - > year == 0)
        "数据错误!";
    else
    { if( ___【3】___ )
            dayof[2] = 29;
    ___【4】___ ;
    printf(" % d\n",d);
    for(i = 1;i < p - > month;i++)
        d = d + dayof[i];
    printf(" % d \n",d);
    }
}
```

三、编程统计学生成绩

• 实验要求

有 10 个学生,每个学生的数据包括学号、姓名、3 门课程的成绩。编写程序,从键盘输入 10 个学生的数据,要求输出 3 门课程的平均成绩,以及 3 门课总分最高的学生的学号、姓名、3 门课程成绩。

• 算法分析(略)

完善下列程序。

```
# include  < stdio. h >
# define N 10
struct student
{ char num[6];                 //学号
  char name[8];                //姓名
  float  ___【1】___ ;         //3 门课成绩
  float avr;                   //3 门课平均分
}stu[N];
void main()
{ int i,j,maxi;
  float sum,max,average;
  for(i = 0;i < N;i++)
    { scanf(" % s",stu[i]. num);
      scanf(" % s",stu[i]. name);
      for(j = 0;j < 3;j++)
          ___【2】___ ;        //输入 3 门课成绩
    }
  average = 0;max = 0;maxi = 0;
  for(i = 0;i < N;i++)
    {sum = 0;
```

```
        for(j = 0;j < 3;j++)
            sum += stu[i].score[j];
        stu[i].avr =   【3】   ;
        average = average + stu[i].avr;
        if(sum > max){max = sum;   【4】   ;}
    }
average = average/N;
for(i = 0;i < N;i++)
{    printf("%5s%10s",stu[i].num,stu[i].name);
    for(j = 0;j < 3;j++)
        printf("%9.2f",stu[i].score[j]);
    printf("%8.2f\n",stu[i].avr);
}
printf("总平均分: %5.2f\n",average);
printf("最高分学生信息: %s,%s,",stu[maxi].num,stu[maxi].name);
printf("%6.2f,%6.2f,%6.2f\n",stu[maxi].score[0],stu[maxi].score[1],stu[maxi].score
[2]);
}
```

四、观察共用体变量的定义和使用

• **实验要求**

观察和分析共用体类型的定义和共用体变量的使用方法。

• **实现代码**

输入下列程序,并运行。

```
#include   "stdio.h"
union A
{
    int x;
    char s[8];
};
void main()
{
    union A x = {'A'};
    printf("x.x 的值: %x,",x.x);
    printf("x.s 的值: %s\n",x.s);
}
```

思考题:

(1) 运行结果是什么?

(2) 为什么是这样的结果?

五、观察共用体变量的初始化

• **实验要求**

观察和分析共用体变量初始化形式。

• **实现代码**

输入下列程序,分析运行结果。

```
# include  "stdio.h"
struct A
{
    int x;
    int y;
};
union B
{
    struct A a;
    int x;
    char s[8];
};
void main()
{
    union B x = {0x10,0x20};
    union B y = x;
    printf("y.a.x 的值: % x\n",y.a.x);
    printf("y.x 的值: % x\n",y.x);
}
```

思考题：

(1) 初始化数据是什么进制的数据？

(2) 为什么得到这样的结果？

六、练习枚举类型的使用

• **实验要求**

编写程序，用 0～6 代表 Sunday(星期日)～Saturday(星期六)，并保存到枚举类型变量中。从键盘输入 0～6 之间的任意一个数，输出对应的星期几。

• **算法分析**

定义枚举类型 weekday，枚举元素为 Sunday～Saturday，用 switch case 多分支语句实现。

七、练习 typedef 类型的使用

• **实验要求**

定义一种类型的别名，用这种别名定义变量的类型。

• **算法分析**（略）

输入下列程序，仔细斟酌 typedef 的用法。

```
# include < stdio.h>
typedef int INT;
typedef int * PINT;
void main( )
{
    INT a = 10,b = 10;
    PINT p;
    p = &a;
    * p = * p + b;
    printf("% d\n",a);
}
```

## 第 10 章

编译预处理

10.1 知识要点

10.1.1 编译预处理

编译预处理是在 C 语言系统进行编译的第一遍扫描(词法扫描和语法分析)之前所做的工作。C 提供三种预处理功能：宏定义、文件包含和条件编译。

10.1.2 宏定义

在 C 语言源程序中允许用一个标识符来表示一个字符串,称为"宏"。被定义为"宏"的标识符称为"宏名"。在编译预处理时,对程序中所有出现的"宏名",都用宏定义中的字符串去替换,这称为"宏替换"或"宏展开"。

不带参数的宏定义是用一个指定的标识符来代表一个字符串,其定义的一般形式为：

　#define　标识符　字符串

带参数的宏定义需要进行参数替换。它的一般定义形式为：

　#define　宏名(形参表)　字符串

10.1.3 文件包含

"文件包含"处理(又称"文件包括")是指一个源文件可以将另外一个指定的源文件的全部内容包含进来,即将另外的文件包含到本文件之中。C 语言用 #include 命令来实现"文件包含"的操作。其一般的形式为：

　#include　"文件名"

文件包含命令的功能是把指定的文件插入该命令行位置取代该命令行,从而把指定的文件和当前的源程序文件连成一个源文件。

10.1.4 条件编译

条件编译就是对某段程序设置一定的条件,符合条件才能编译这段程序。条件编译的形式有三种。

第一种形式：

```
# ifdef 标识符
程序段 1
# else
程序段 2
# endif
```

其中的标识符是一个符号常量，如果标识符已用 # define 命令定义过，则对程序段 1 进行编译，否则，对程序段 2 进行编译。

第一种形式中的 # else 及其后的程序段 2 可省略，写成：

```
# ifdef   标识符
程序段
# endif
```

如果标识符已被 # define 命令定义过，则对程序段进行编译，否则，不编译程序段。

第二种形式：

```
# ifndef   标识符
程序段 1
# else
程序段 2
# endif
```

与第一种形式的区别是将 ifdef 改为 ifndef。作用是：如果标识符未被 # define 命令定义过，则对程序段 1 进行编译，否则，对程序段 2 进行编译。与第一种形式的功能正好相反。

第三种形式：

```
# if   常量表达式
程序段 1
# else
程序段 2
# endif
```

功能是，如果常量表达式的值为真（非 0），则对程序段 1 进行编译，否则，对程序段 2 进行编译。

10.2　例题分析与解答

一、选择题

1. 以下程序的输出结果是_____。

```
# define M(x,y,z) x*y+z
main()
{
    int a = 1,b = 2, c = 3;
```

```
    printf("%d\n", M(a+b,b+c, c+a));
}
```

　　A. 19　　　　　　B. 17　　　　　　C. 15　　　　　　D. 12

　　分析：本题涉及带参数的宏定义,表达式 M(a+b,b+c,c+a)带有三个参数,编译预处理后,变为 a+b*b+c+c+a,当前值代入变量后,表达式为 1+2*2+3+3+1。

　　答案：D

　　2. 以下程序的输出结果是_____。

```
#define SQR(X) X * X
main()
{ int a = 16, k = 2, m = 1;
  a = (k + a)/SQR(k + m);
  printf("%d\n",a);
}
```

　　　A. 16　　　　　　B. 12　　　　　　C. 9　　　　　　D. 1

　　分析：本题涉及带参数的宏定义,表达式 SQR(k+m)预处理后,替换为 k+m*k+m,题目中最后实际计算的是 a=(k+a)/ k+m*k+m,即 a=(2+16)/2+1*2+1。

　　答案：B

　　3. 有如下程序：

```
#define N 2
#define M N + 1
#define NUM 2 * M + 1
main()
{  int i;
   for(i = 1;i <= NUM;i++)
   printf("%d\n",i);
}
```

该程序中的 for 循环执行的次数是_____。

　　　A. 5　　　　　　B. 6　　　　　　C. 7　　　　　　D. 8

　　分析：本题涉及多重宏定义嵌套,题目中 NUM 经过编译预处理后,替换为 2*M+1,进一步替换为 2*N+1+1,再进一步替换为 2*2+1+1。

　　答案：B

　　4. 以下程序的输出结果是_____。

```
#define f(x) x * x
main( )
{  int a = 6,b = 2,c;
   c = f(a)/f(b);
   printf("%d \n",c);
}
```

　　　A. 9　　　　　　B. 6　　　　　　C. 36　　　　　　D. 18

　　分析：本题涉及带参数的宏定义,程序中表达式 c=f(a)/f(b)经过预处理后,替换为 a*a/b*b,题目中实际计算的表达式是 6*6/2*2。

答案：C

二、填空题

1. 设有如下宏定义：

```
#define  MYSWAP(z,x,y)  {z=x;  x=y; y=z;}
```

以下程序段通过宏调用实现变量 a,b 内容交换，请填空。

```
float  a=5,b=16,c;
MYSWAP(_____,a,b);
```

分析：本题涉及带参数的宏定义，从宏定义 #define MYSWAP(z,x,y) {z=x; x=y; y=z;}中，即可看出，利用 z 作为中间变量交换 x,y 的值，结合题目填入 c，即利用 c 作为中间变量交换变量 a,b 的内容。

答案：c

2. 以下程序的输出结果是_____。

```
#define MAX(x,y) (x)>(y)?(x):(y)
main()
{   int a=5,b=2,c=3,d=3,t;
    t=MAX(a+b,c+d)*10;
    printf("%d\n",t);
}
```

分析：本题涉及带参数的宏定义，表达式 t=MAX(a+b,c+d)*10 经过编译预处理后，替换为 t=(a+b)>(c+d)? (a+b):(c+d)，即 t=(5+2)>(3+3)? (5+2):(3+3)。

答案：7

3. 下面程序的输出结果是_____。

```
#include
#define PT 5.5
#define s(x) PT*x*x
main()
{   int a=1,b=2;
    printf ("%4.1f\n",s(a+b));
    }
```

分析：本题涉及编译预处理，s(a+b)代换为 PT*a+b*a+b，进一步代换为 5.5*a+b*a+b，所以实际输出时计算的表达式是 5.5*1+2*1+2。

答案：9.5

10.3 测试题

一、选择题

1. 以下程序的输出结果是_____。

```
#define MIN(x,y) (x)<(y)?(x):(y)
main()
```

```
{ int i,j,k;
    i = 10; j = 15; k = 10 * MIN(i,j);
    printf(" % d\n",k);
}
```

    A. 15   B. 100   C. 10   D. 150

2. 以下程序中的 for 循环执行的次数是_____。

```
#define N 3
#define NUM (N + 1)/2
main()
{   int i;
    for(i = 1; i <= NUM; i++)printf(" % d\n",i);
}
```

    A. 3   B. 2   C. 1   D. 4

3. 以下程序的输出结果是_____。

```
# include "stdio. h"
# define FUDGF(y) 2.84 + y
# define PR(a) printf(" % d",(int)(a))
# define PRINT1(a) PR(a); putchar(\'\n\')
main()
{   int x = 2;
    PRINT1(FUDGF(5) * x);
}
```

    A. 11   B. 12   C. 13   D. 15

4. 以下叙述中正确的是_____。

    A. 用 # include 包含的头文件的后缀不可以是". a"

    B. 若一些源程序中包含某个头文件,当该头文件有错时,只需对该头文件进行修改,包含此头文件的所有源程序不必重新编译

    C. 宏命令行可以看做是一行 C 语句

    D. C 编译中的预处理是在编译之前进行的

二、填空题

1. C 语言提供了三种预处理语句,它们是 __【1】__ 、__【2】__ 和条件编译。

2. 下面程序中 for 循环的执行次数是 __【1】__ ,输出结果为 __【2】__ 。

```
# include   "stdio. h"
    #define N 2
    #define M N + 2
    #define NUM   M/2
    void main()
    {   int i;
        for(i = 1;i <= NUM;i++);
        printf(" % d\n",i);
    }
```

3. 下面程序的输出结果是_____。

```
#define PR(ar) printf("%d", ar)
main()
{ int j, a[] = { 1,3,5,7,9,11,13,15}, * p = a + 5;
  for(j = 3; j; j-- )
  { switch(j)
    {case 1:
      case 2: PR( * p++); break;
      case 3: PR( * ( -- p));
    }
  }
}
```

4. 下列程序的输出结果是_____。

```
#define N 10
#define s(x) x * x
#define f(x) (x * x)
main()
{ int i1, i2;
  i1 = 1000/s(N); i2 = 1000/f(N);
  printf("%d  %d\n", i1, i2);
}
```

5. 下列程序的输出结果是_____。

```
#define NX 2 + 3
#define NY NX * NX
main()
{  int i = 0, m = 0;  for(; i < NY; i++)m++;  printf("%d\n", m);}
```

6. 下列程序的输出结果是_____。

```
#define MAX(a, b) a > b
#define EQU(a, b) a == b
#define MIN(a, b) a < b
main()
{  int a = 5, b = 6;
   if(MAX(a, b)) printf("MAX\n");
   if(EQU(a, b)) printf("EQU\n");
   if(MIN(a, b)) printf("MIN\n");
}
```

7. 下列程序的输出结果是_____。

```
#define TEST  1
main()
{  int x = 0, y = 1, z;  z = 2 * x + y;
   #ifdef TEST
   printf("%d %d ", x, y);
   #endif
```

```
    printf("%d\n",z);
}
```

8. 下列程序的输出结果是_____。

```
#include "stdio.h"
#define Max  100
main()
{   int i = 10;
float x = 12.5;
#ifdef Max
    printf("%d\n",i);
#else
    printf("%.1f\n",x);
#endif
printf("%d,%.1f\n",i,x);
}
```

三、编程题

1. 输入两个整数,并利用带参数的宏定义,求其相除的商。

2. 利用带参数的宏定义实现求给定一个数的绝对值。

3. 从键盘输入三个整数,利用宏定义求出其中的最小值。

4. 编写一程序,从键盘输入三角形的三条边的长度,利用带参数的宏定义,求三角形的面积。

5. 定义一个宏,判断给定年份是否为闰年(闰年条件:能被400整除或能被4整除但不能被100整除)。

10.4 实验题

一、编写程序,定义无参宏

· 实验要求

定义一个无参宏表示3.1415926,输入圆的半径 r,求圆面积 s。

· 算法分析

宏定义:#define pi 3.1415926。程序中需要用3.1415926的地方全部用 pi 来代替。

二、编写程序,定义带参宏

· 实验要求

定义一个带参数的宏,使两个参数的值互换。在主函数中输入两个数作为使用宏的实参,输出已交换后的两个值。

· 算法分析

使用以下宏定义:

```
#define SWAP(a,b) t = b;b = a;a = t
```

调用格式:

```
SWAP(a,b);
```

三、编写程序,利用宏求整数的余数

• **实验要求**

定义一个带参数的宏,求两个整数的余数。通过宏调用,输出求得的结果。

• **算法分析**(略)

完善下列程序。

```
#define R(m,n) ____【1】____   //求 m 除以 n 的余数
# include < stdio. h >
void main()
{ int m,n;
  printf("enter two integers:\n");
  scanf("%d%d",&m,&n);
  printf("remainder = %d\n", ____【2】____ );
}
```

四、编写程序,利用宏求三个数中的最大数

• **实验要求**

利用带参数的宏,从 3 个数中找出最大者。

• **算法分析**(略)

完善下列程序。

```
# include < stdio. h >
#define MAX(a,b)  ( ____【1】____ )    //定义宏
void main()
{ int m,n,k;
  printf("enter 3 integer:\n");
  scanf("%d%d%d",&m,&n,&k);
  printf("max = %d\n",MAX( __【2】__ ,k));
}
```

五、编写程序,利用宏判断整数能否被 3 整除

• **实验要求**

输入一个整数,判断它能否被 3 整除。要求利用带参数的宏实现。

• **算法分析**(略)

完善下列程序。

```
# include  < stdio. h >
#define DIV(m)  (m)%3 == 0
void main()
{ int m;
  printf("enter a integer:\n");
  scanf("%d",&m);
  if(_____)
    printf("%d is divided by 3\n",m);
  else
```

```
    printf(" % d is not divided by 3\n",m);
}
```

六、分析条件编译的应用

• 实验要求

分析下列两个程序代码的功能。

• 算法分析(略)

(1) 输入下列程序,分析运行结果。

```
# include < stdio. h>
# define Max 100
void main( )
{
    int i = 10 ;
    float x = 12.5;
# ifdef MAX
    printf(" % d\n",i) ;
# else
    printf(" % . if\n", x) ;
# endif
    printf(" % d, % . if\n", i,x);
}
```

(2) 输入下列程序,分析运行结果。

```
# include  < stdio. h>
# define M 5
void main( )
{
    float c, s;
    printf ("input a number:   ");
    scanf(" % f",&c) ;
# if M
    r = 3. 14159 * c * c;
    printf("area of round is: % f\n",r);
# else
    s = c * c;
    printf("area of square is:   % f\n",s);
# endif
}
```

思考题:

1. 简述程序(1)的功能。

2. 简述程序(2)的功能。

第**11**章

内存的使用

11.1 知识要点

11.1.1 动态使用内存

C 语言的函数库中提供了程序在运行时动态申请内存的库函数,当程序在运行时如果需要一些内存,可以随时向系统进行申请调用这些函数。使用动态内存管理的库函数时要包含头文件"stdlib. h",也有些系统需要包含"malloc. h"头文件,根据自己的编译程序进行测试。

1. 分配内存

1) malloc 函数

```
void  * malloc(unsigned  int  size)
```

作用:在系统内存的动态存储区中分配一个长度为 size 字节的连续内存空间,并将此存储空间的起始地址作为函数值返回。如果内存缺乏足够大的空间进行分配,则 malloc 函数值为 NULL。malloc 分配的内存并不进行初始化。

2) calloc 函数

```
void  * calloc(unsigned  int  n,unsigned  int  size)
```

作用:分配 n 个长度为 size 字节的连续空间。此函数返回值为该空间的首地址。如果分配不成功,返回 NULL。calloc 分配的内存初始化为 0。

3) realloc 函数

```
void  * realloc(void  * ptr,unsigned  int  size)
```

作用:将 ptr 指向的存储区(是原先用 malloc 函数分配的)的大小改为 size 个字节。可以使 malloc 分配的内存区扩大或缩小。函数返回值为新的存储区的首地址。

2. 释放内存

```
void free(void  * ptr)
```

作用:将指针变量 ptr 指向的内存空间释放,即交还给系统。ptr 只能是由在程序中执行过的 malloc 或 calloc 函数所返回的地址。

11.1.2 链表的概念

动态内存的使用可以通过链表实现。链表中的每一个元素称为一个"结点",除头指针外,每个结点中含有一个指针域和一个数据域。数据域用来存储用户需要用的实际数据,指针域用来存储下一个结点的地址,用来指出其后续结点的位置。而其最后一个结点没有后续结点,它的指针域为空(空地址 NULL)。另外,还需要设置一个"头指针"head,指向链表的第一个结点。

链表中各元素在内存中可以不是连续存放的,如果要找某一元素就必须先找到上一个元素,根据它提供的下一个元素地址才能找到下一个元素。如果没有头指针,那么整个链表就都不能访问,为实现链表的这种结构,就必须用到指针变量,一个结点中必须包含一个指针变量,这个指针变量存放的是下一个结点的地址。图 11-1 展示了最简单的一种链表的结构。

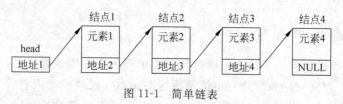

图 11-1 简单链表

11.1.3 链表的建立

使用链表的一个很重要的优点就是插入、删除运算灵活方便,不需要移动结点,只要改变结点中指针域的值即可,链表中的每一个结点都是同一种结构类型。例如,一个存放学生学号和成绩的结点应为以下结构:

```
struct student
{
    int num;
    int score;
    struct student * next;
};
```

前两个成员项 num 和 score 组成数据域,后一个成员项 next 构成指针域,它是一个指向 student 类型结构体的指针变量。

11.1.4 链表的查找与输出

如果将链表中各个结点的数据依次输出,比较容易处理。首先,需要知道链表的头结点的地址,也就是 head 的值。然后可以设一指针变量 p 指向第一个结点,输出该结点后使 p 移向下一个结点,再输出下一个结点,直到链表的尾结点。

11.1.5 释放链表

链表中使用的内存是由用户动态申请分配的,所以在链表使用完后,主动把这些内存交还给系统。释放链表占用的内存要考虑链表对内存的使用方式。

（1）从链表首结点开始释放内存，算法如下：

① 将链表第二个结点设为新的首结点；

② 释放原来的首结点；

③ 重复①~②。

（2）从链表尾结点开始释放内存，算法如下：

① 找到链表的尾结点；

② 将尾结点的前一个结点设成新的尾结点；

③ 释放旧的尾结点；

④ 重复①~③。

（3）删除链表中指定值的结点，算法如下：

① 如果首结点是要删除的结点，则删除首结点，返回新的首结点地址；

② 找到要删除的结点；

③ 使要删除的结点的前一个结点的 next 指针指向删除结点的下一结点地址；

④ 返回原首结点地址。

11.2 例题分析与解答

一、选择题

1. 以下程序的输出结果是_____。

```
struct HAR
{
    int x,y;
    struct HAR * p;
}h[2];
main()
{
    h[0].x = 1;
    h[0].y = 2;
    h[1].x = 3;
    h[1].y = 4;
    h[0].p = &h[1];h[1].p = h;
    printf("%d %d \n",(h[0].p) -> x,(h[1].p) -> y);
}
```

    A. 1　2　　　　　　B. 2　3　　　　　　C. 1　4　　　　　　D. 3　2

分析：本题定义了一个结构体数组 h，h 的两个元素都是结构体 struct HAR 类型，从这个结构体类型的定义来判断，是链表的结点类型，h 的两个元素可以用来构成链表结点，题目中结点 h[0]的指针分量指向结点 h[1]，而结点 h[1]的指针分量又指向 h[0]。

答案：D

2. 下面程序的输出结果为_____。

```
struct st
    {   int x;
```

```
        int * y;
    } * p;
    int dt[4] = {10,20,30,40};
    struct st aa[4] = { 50,&dt[0],60,&dt[1],70,&dt[2],80,&dt[3] };
    main()
    { p = aa;
      printf(" % d,",p->x);
      printf(" % d,",(++p) -> x);
      printf(" % d\n", * (p->y));
    }
```

　　A. 10，20，20　　　B. 50，60，20　　　C. 51，60，21　　　D. 60，70，31

　　分析：题目中定义了一个结构体数组 aa，第一个 printf 中，p—>x 的值为 50，所以输出 50；第二个 printf 中，指针 p 先自加，即指针 p 指向 aa 中第二个元素，所以输出 60；第三个 printf 中，p—>y 的值是 dt[1] 的地址，即 &dt[1]，而 * &dt[1] 就是 dt[1]，所以输出 20。

　　答案：B

二、填空题

以下程序段用于构建一个简单的单向链表。请填空。

```
struct STRU
{ int x, y ;
  float rate;
  ____p;
}a,b;
a. x = 0;        a. y = 0;
a. rate = 0;     a. p = &b;
b. x = 0;        b. y = 0;
b. rate = 0;     b. p = NULL;
```

　　分析：本题先定义了结构体类型变量 a，b，然后利用 a. p＝&b；将两个变量链接起来，从程序中的 a. p＝&b；这一句，即可判断出结构体中分量 p 的类型为结构体 b 的地址类型即 struct STRU，这里 struct STRU 中分量 p 的定义是递归定义，在链表结点定义中常用这种方法。

　　答案：struct STRU *

11.3　测试题

一、选择题

1. 若有以下声明和语句，则值为 6 的表达式是_____。

```
struct st
{   int n;
    struct st * next;
};
struct st a[3], * p;
a[0]. n = 5; a[0]. next = &a[1];
a[1]. n = 7; a[1]. next = &a[2];
```

```
a[2].n = 9; a[2].next = NULL;
p = &a[0];
```

    A. p—＞n   B. (p—＞n)＋＋   C. (＊p).n   D. ＋＋(p—＞n)

2. 设有以下声明和定义语句,则下面表达式中值为 3 的是_____。

```
struct  s
{int  i;
struct  s  *p;
};
static  struct  s  a[3] = {1,&a[1],2,&a[2],3,&a[0]}, *ptr;
ptr = &a[1];
```

    A. ptr—＞i＋＋   B. ptr＋＋—＞i   C. ＊ptr—＞i   D. ＋＋ptr —＞i

3. 若要利用下面的程序片段使指针变量 p 指向一个存储整型变量的存储单元,则【 】中应填入的内容是_____。

```
int  *p;
p = 【 】malloc(sizeof(int));
```

    A. int   B. int *   C. (＊int)   D. (int *)

4. 以下程序的功能是:读入一行字符(如:a,b,…,y,z),按输入时的逆序建立一个链表,即先输入的位于链表尾(图 11-2),然后再按输入的相反顺序输出,并释放全部结点。请选择正确的内容填入_____中。

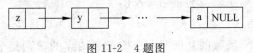

图 11-2 4 题图

```
#include   "stdio.h"
#define   getnode(type)    【1】  malloc(sizeof(type))
main()
{struct  node
    {char  info;
    struct  node  *link;
    } *top, *p;
    char  c;
    top = NULL;
    while((c = getchar())  【2】  )
        {p = getnode(struct  node);
        p->info = c;
        p->link = top;
        top = p;
        }
    while(top)
    {  【3】  ;
    top = top->link;
    putchar(p->info);
    free(p);
    }
}
```

【1】A. （type）　　　B. （type ＊）　　C. type　　　D. type ＊
【2】A. ＝＝'\0'　　　B. !＝'\0'　　　C. ＝＝'\n'　　　D. !＝'\n'
【3】A. top＝p　　　B. p＝top　　　C. p＝＝top　　　D. top＝＝p

5. 若有以下定义：

```
struct  link
{int data;
struct  link  * next;
}a,b,c, * p, * q;
```

且变量 a 和 b 之间已有如图 11-3 所示的链表结构，

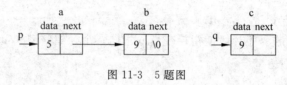

图 11-3　5题图

指针 p 指向变量 a,q 指向变量 c。则能把 c 插入到 a 和 b 之间并形成新的链表的语句组是_____。

  A. a. next＝c; c. next＝b;

  B. p. next＝q; q. next＝p. next;

  C. p－＞next＝&c; q－＞next＝p－＞next;

  D. （＊p）. next＝q; （＊q）. next＝&b;

二、填空题

1. 以下代码中,MIN 函数的功能是：在带有头结点的单向链表中,查找结点数据域的最小值作为函数值返回,请填空。

```
struct node
{ int data;
  struct node * next;
};
int MIN(struct node * first)
{ struct node * p;
  int m;
  p = first － > next;
  m = p － > data;
  for(p = p － > next; p!= '\0'; p =   【1】   )
  if(   【2】   ) m = p － > data;
  return m;
}
```

2. 函数 creat 用来建立一个带头结点的单向链表,新产生的结点总是插在链表的末尾,单向链表的头指针作为函数值返回,请填空。

```
# include "stdio. h"
struct list
{   char data;
    struct list * next;
```

```
} ;
struct list * creat()
{   struct list * h, * p, * q;
    char ch ;
    h = (struct list * )malloc(sizeof(  【1】  ));
    p = q = h;
    ch = getchar();
    while(ch!= '\n')
{   p = 【2】 malloc(sizeof(  struct list  ));
    p - > data = ch;
    q - > next = p;
    q = p;
    ch = getchar();
}
    p - > next = '\0';
    【3】 ;
}
main()
{struct list * p;
 p = creat() - > next;
while(p!= NULL)
{printf(" % c\n", 【4】 ); / * 输出链表中结点的数据 * /
p = p - > next;}

}
```

3. 以下程序建立了一个带有头结点的单向链表,链表结点中的数据通过键盘输入,当输入数据为-1时,表示输入结束(链表头结点的 data 域不放数据,表空的条件是 ph-> next==NULL),请填空。

```
# include< stdio. h>
struct list
{   int data;
struct list * next;};
   【1】 creatlist()
{ struct list * p, * q, * ph;
  int a;
  ph = (struct list * )malloc(sizeof(struct list));
  p = q = ph;
  scanf(" % d",&a);
  while(a!=- 1)
{   p = (struct list * )malloc(sizeof(struct list));
p - > data = a;
q - > next = p;
   【2】 = p;
scanf(" % d",&a);
}
p - > next = '\0';
return(ph);
}
main()
```

```
{
    struct list * head, * p;
    head = creatlist(); p = head - > next;
     while(p - > next != NULL)
     {printf(" % d\n",p - > data);
     p = p - > next;
     }
   【3】 }
```

三、编程题

1. 创建一个 5 结点的链表,每个结点分别存放 5 个学生的信息,每个学生的信息包括学号、姓名、成绩三项。现要求编写一个程序找出成绩最高和最低者的姓名和成绩。

2. 已知 head 指向一个带头结点的单向链表,链表中每个结点包含字符型数据域(data)和指针域(next)。请编写函数实现在值为'a'的结点前插入值为'k'的结点,若没有值为'a'的结点,则插在链表最后。

11.4　实验题

一、编写程序建立链表

• **实验要求**

建立一个图 11-4 所示的简单链表,它由 3 个学生数据的结点组成。

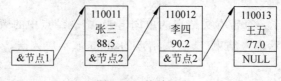

图 11-4　简单链表

• **算法分析**

建立 4 个结构体指针 a,b,c 和 head,其中 head 用来保存链表首地址,初始的 NULL 值代表它还是一个空链表。创建链表的三个结点并将地址保存到 a,b,c 变量中,将 a 中地址保存到 head 变量中,head 开始的链表中就有了一个结点。将 b 中地址保存到 a－＞next 中,链表中就有了两个结点。c 中地址保存到 b－＞next 中,head 开始的链表中就有了三个结点。将 NULL 保存到 c－＞next 中,完成链表结尾。

完善下列程序。

```
# include < stdio. h >
# include < string. h >
# include < stdlib. h >
struct student
{
    int     num;           / * 学号 * /
    char    name[20];      / * 姓名 * /
    double  score;         / * 成绩 * /
    struct  student * next; / * 下一个结点地址 * /
};
```

```
void main()
{
    struct student  * a, * b, * c, * head = NULL;
    a = malloc(sizeof(struct student));
    a -> num = 110011;
    strcpy(a -> name,"张三");
    a -> score = 88.5;
    b = _____【1】_____ ;
    b -> num = 110012;
    _____【2】_____ ;
    b -> score = 90.2;
    c = malloc(sizeof(struct student));
    c -> num = 110013;
    strcpy(c -> name,"王五");
    c -> score = 77.0;
    head =  a;                /* 将结点 a 的起始地址赋给头指针 head */
    a -> next = b;
    b -> next = c;
    c -> next = NULL;
    free(a);
    _____【3】_____ ;
    free(c);
}
```

二、编程实现链表中结点的删除

• **实验要求**

编写一个函数,删除 head 指向开始结点的链表中值为 num 的一个结点。

• **算法分析**(略)

完善下列程序。

```
struct SNode
{
    int      num;              /* 学号 */
    struct   SNode * next;     /* 下一个结点地址 */
};

struct SNode * delete_node(struct SNode * head, int num)
{
    struct SNode * p1, * p2;
    if(! head)                 /* 判断是否为空链表 */
        return NULL;
    if(head -> num == num)
    {
        p1 = head;
        head = _____【1】_____ ;
        free(p1);
    }
    else
    {
        p2 = p1 = head;
```

```
            while(p2 -> num!= num && p2 -> next!= NULL)
            {
                p1 = p2;
                p2 =    【2】    ;
            }
            if(p2 -> num == num)
            {
                ____【3】____ ;
                free(p2);
            }
        }
        return head;
    }
```

三、编写程序实现链表结点的插入

• **实验要求**

编写一个函数,在 head 作为头结点的升序链表中,插入值为 num 的一个结点,保持原来链表的升序不变。

• **算法分析**(略)

完善下列程序。

```
struct SNode
{
    int       num;                          /* 学号 */
    struct    SNode * next;                 /* 下一个结点地址 */
};
struct SNode * Insert_node(struct SNode * head, int num)
{
    struct SNode  * p, * p1, * p2;
    p = malloc(sizeof(struct SNode));
    p -> num = num;
    if(head == NULL || p -> num <= head -> num)    /* 插在链表首 */
    {
        ____【1】____ ;
        return p;
    }
    p2 = p1 = head;
    while(p -> num > p2 -> num && p2 -> next)       /* 查找大于等于插入元素的结点 */
    {
        p1 = p2;
        p2 = p2 -> next;
    }
    if(____【2】____)                                /* 判断是否到了链表尾 */
    {
        p2 -> next = p;
        p -> next = NULL;
    }
    else                                            /* 插在 p1、p2 两个结点之间 */
    {
        p -> next =    【3】    ;
```

```
            p1 -> next = p;
    }
    return head;
}
```

四、跟踪观察链表创建过程

• 实验要求

下面的程序用于创建一个链表,使用单步跟踪调试,逐步观察各个变量,特别是 head 和 p 的变化情况,熟悉链表的创建过程。

• 算法分析(略)

程序代码如下:

```c
# include < stdio. h >
# include < malloc. h >
struct student
{
    int num;
    float score;
    struct student * next;
};
struct student * create(int n)
{
    struct student * head = NULL, * p1, * p2;
    int i;
    for(i = 1; i <= n; i++)
    {
        p1 = (struct student * )malloc(sizeof(struct student));
        printf("请输入第 %d 个学生的学号及考试成绩:\n", i);
        scanf(" %d %f", &p1 -> num, &p1 -> score);
        p1 -> next = NULL;
        if(i == 1)
            head = p1;
        else
            p2 -> next = p1;
        p2 = p1;
    }
    return(head);
}
void main()
{
    struct student * p;
    p = create(10);
    while(p != NULL)
    {
        printf("学号: %d 成绩: %3f\n", p -> num, p -> score);
        p = p -> next;
    }
}
```

五、掌握动态链表应用

· 实验要求

编写一个程序,使用动态链表实现下面的功能:

(1) 建立一个链表,用于存储学生的学号、姓名和三门课程的成绩和平均成绩。

(2) 输入学号后输出该学生的学号、姓名和三门课程的成绩。

(3) 输入学号,删除该学生的数据。

(4) 插入一个学生的数据,将该学生数据插入到链表中。

(5) 输出平均成绩在 80 分及以上的记录。

· 算法分析

要求用循环语句实现(2)～(5)的多次操作,当输入学号为－1 时循环停止。

参照教材内容中的建立链表程序。

第12章

文　件

12.1　知识要点

12.1.1　文件的概念

文件是存放在外存上的数据的集合。每个文件都有一个文件名。C 语言把文件看做是一个字符(字节)的序列,即一个字符(字节)接着一个字符(字节)的顺序存放。根据数据的组织形式,文件可分为 ASCII 文件(又可以称为文本文件)和二进制文件。

12.1.2　文件类型指针

在 C 语言中用一个指针变量指向一个文件,这个指针称为"文件指针"。每一个被使用的文件都在内存中开辟一个区域用来存放该文件的相关信息,比如文件名、文件属性以及文件路径等。这些信息是保存在一个结构体类型的变量中的。该结构体类型在"stdio.h"中被定义,其名为 FILE。

通过文件指针就可以对它所指的文件进行各种操作。定义声明文件指针的一般形式为:

FILE * 指针变量标识符;

其中 FILE 必须为大写,因为这是由系统预先定义的一个结构体类型。在编写源程序时不必关心 FILE 结构的细节。例如:

```
FILE * fp;
```

fp 是指向 FILE 结构体类型的指针变量,使用 fp 可以存放一个文件信息,C 的库函数需要使用这些信息才能对文件进行操作。

如果有 n 个文件,一般应设 n 个指针变量,使它们分别指向 n 个文件,从而实现对文件的访问。

12.1.3　文件操作

文件操作都是由系统提供的库函数来完成的。同其他高级语言一样,对一个文件进行读写操作之前必须先打开该文件。

1. 打开文件

fopen()函数调用的一般形式为：

FILE * 文件指针名；
文件指针名 = fopen(文件名,使用文件方式)；

例如：

FILE * fp；
fp = fopen("file1","r")；

这里打开的是一个文件名为 file1 的文件,并且声明对文件的操作方式是"只读"。fopen 函数带回指向 file1 文件的指针并将其赋给指针变量 fp,即使得 fp 指向 file1 文件。

2. 关闭文件

fclose 函数的一般调用形式是：

fclose(文件指针)；

例如：

fclose(fp)；

先前用 fopen()函数打开文件时所带回的文件指针赋给 fp,现在要将其关闭。"关闭文件"使得文件指针变量不再指向该文件,也就是说使文件指针与文件脱离。正常完成关闭文件操作时,fclose()函数返回值为 0。如果返回值非 0,则表示关闭文件时有错误发生,这时可以用 ferror 函数来测试。

3. 文件读写

- 字符读写函数包括 fgetc 函数和 fputc 函数。
- 字符串读写函数包括 fgets 函数和 fputs 函数。
- 数据块读写函数包括 fread 函数和 fwrite 函数。
- 格式化读写函数包括 fscanf 函数和 fprinf 函数。

12.2 例题分析与解答

一、选择题

1. 若要对 D 盘上 user 子目录下名为 abc.txt 的文本文件进行读、写操作,下面符合此要求的函数调用是_____。

    A. fopen("D:\user\abc.txt","r")   B. fopen("D:\\user\\abc.txt","r+")

    C. fopen("D:\user\abc.txt","rb")   D. fopen("D:\\user\\abc.txt","w")

分析：本题中,要求对 abc.txt 进行读写操作,只有"r+"是读写操作,根据 C 语言文件打开函数的定义,r 是只读,rb 是二进制方式只读,w 是只写。另外,文件路径描述中,'\'要用'\\'表示,即使用'\\'转义描述'\'。

答案：B

2. 若 fp 是指向某文件的指针,且已读到文件末尾,则库函数 feof(fp)的返回值是_____。

    A. EOF   B. -1   C. 非 0 值   D. NULL

分析：函数 feof(fp)的作用是判断文件中的指针是否指向文件的末尾,如果文件中的指针指向文件末尾,则返回一个非 0 值,表示已到文件末尾,根据题意,文件已经读到文件末尾,所以应该返回非 0 值。

答案：C

3. 下面的程序执行后,文件 test. txt 中的内容是_____。

```c
#include"stdio.h"
#include "string.h"
void fun(char * fname,char * st)
{  FILE * myf;
   int i;
   myf = fopen(fname,"w" );
   for(i = 0;i < strlen(st);i++)
   fputc(st[i],myf);
   fclose(myf);
}
main()
{  fun("d:\\test.txt","new world");
   fun("d:\\test.txt","hello!");
}
```

　　A. hello　　　　　B. new worldhello　　　C. new world　　　D. hellorld

分析：题目中,两次调用 fun()函数,对同一文件 test. txt 进行写入操作,由于 fun()函数中,打开文件采用的是 w 说明符,说明是对文件进行“只写”操作,每次只写操作都会刷新文件内容,即删除文件原先的内容,写入新的内容,所以最后写入的字符串 hello 会取代第一次写入的字符串 new world。

答案：A

二、填空题

1. 以下程序段打开文件后,先利用 fseek 函数将文件位置指针定位在文件末尾,然后调用 ftell 函数返回当前文件位置指针的具体位置,从而确定文件长度,请填空。

```c
FILE * myf;
long f1;
myf = _____ ("test.txt","rb");
fseek(myf,0,SEEK_END);
f1 = ftell(myf);
fclose(myf);
printf("% d\n",f1);
```

分析：操作系统文件管理要求,凡是文件操作,必须先打开文件才能对文件进行读写,文件读写结束后必须关闭文件,所以凡是涉及文件操作,之前必须先打开文件,打开文件可以使用 fopen()函数。

答案：fopen

2. 以下程序用来统计文件中字符的个数,请填空。

```c
#include"stdio.h"
#include "stdlib.h"
```

```
# include "conio. h"
    main()
    {   FILE  * fp;
        0long  num = 0;
        if((fp = fopen("D:\\fname.txt","r")) == NULL)
        {   printf("Open error\n");
            exit(0);
        }
        while(_____)
        {   fgetc(fp);
            num++;
        }
        printf("num = % d\n",num - 1);
        fclose(fp);
    }
```

分析：程序中,先打开文件 fname. dat,然后利用 while 循环遍历文件内容,即使用 fgetc (fp)函数逐个读取文件中的字符,每次读取一个字符,就将文件内的指针后移一个字符位置,并且利用变量 num++来进行累加统计文件中的字符个数,while 循环中的条件是用来控制文件遍历过程,循环的结束条件是遇到文件末尾。

答案：!feof(fp)

3. 下面程序把从终端读入的文本(用@作为文本结束标志)输出到 D 盘的一个名为 abc. txt 的新文件中,请填空。

```
# include"stdio. h"
# include "stdlib. h"
main()
{   FILE * fp;
    char ch;
    if((fp = fopen(_____)) == NULL) exit(0);
    while((ch = getchar())!= '@')
    fputc(ch,fp);
    fclose(fp);
}
```

分析：本题涉及文件操作,操作系统要求文件必须先打开才能读写,文件操作结束后,必须关闭文件。程序中 if 语句的作用是判断文件是否被成功地打开,使用了标准的 C 语言的文件打开方法,fopen()函数中要求给出需要打开的文件名和打开方式。

答案："d:\\abc. txt","w"或"d:\\abc. txt","w+"

12.3 测试题

一、选择题

1. 系统的标准输入文件是指_____。

    A. 键盘   B. 显示器   C. 硬盘   D. 鼠标

2. 以下可作为函数 fopen 中第一个参数的正确格式是_____。

    A. c:user\text.txt   B. c:\user\text.txt

    C. "c:user\text.txt"   D. "c:\\user\\text.txt"

3. 当顺利执行了文件关闭操作时,fclose 函数的返回值是_____。

    A. −1   B. TRUE   C. 0   D. 1

4. 若用只读方式打开一个文本文件,只允许读数据,则文件打开方式应选择_____。

    A. w   B. r   C. rb   D. wb

5. 若用 fopen 函数打开一个新的二进制文件,该文件要既能读也能写,则文件打开方式字符串应是_____。

    A. "ab+"   B. "wb+"   C. "rb+"   D. "ab"

6. fgetc 函数的作用是从指定文件读入一个字符,该文件的打开方式必须是_____。

    A. 只写   B. 追加   C. 读或读写   D. B 和 C 都正确

7. 标准库函数 fgets(s,n,f)的功能是_____。

    A. 从文件 f 中读取长度为 n 的字符串存入指针 s 所指的内存

    B. 从文件 f 中读取长度不超过 n−1 的字符串存入指针 s 所指的内存

    C. 从文件 f 中读取 n 个字符串存入指针 s 所指的内存

    D. 从文件 f 中读取长度为 n−1 的字符串存入指针 s 所指的内存

二、填空题

1. 根据文件的编码方式,文件可以分为【1】和【2】。从用户的角度看,文件可分为【3】和【4】两种。C 语言中存在两种处理文件的方法:一种是"【5】",另外一种是"非缓冲文件系统"。

2. C 语言中经常用到的格式化读写函数是【1】和【2】,这两个函数的读写对象是【3】。C 语言中用于实现文件定位的函数有【4】和【5】。

3. 以下程序用来统计文件中字符的个数,请填空。

```
#include "stdio.h"
#include "stdlib.h"
main()
{ FILE * fp; long num = 0;
  if((fp = fopen("d:\\fname.txt", 【1】 )) == NULL)
  { printf("open error\n"); exit(0); }
  while( 【2】 )
    { 【3】 ; num++; }
  printf("num = % d\n",num − 1);
  fclose(fp);
}
```

4. 在 C 程序中,文件可以用【1】方式存取,也可以用【2】方式存取。

5. 在 C 程序中,数据文件可以用【1】和【2】两种代码形式存放。

6. 以下 C 语言程序将磁盘中的一个文件复制到另一个文件中,两个文件名在命令行中给出(假定文件名无误),请填空。

```
#include "stdio.h"
#include "stdlib.h"
```

```
main(int argc, char * argv[])
{ FILE * f1, * f2;
    if(argc< 【1】  ) { printf("命令行参数错!\n"); exit(0); }
    f1 = fopen(argv[1],"r");
    f2 = fopen(argv[2],"w");
    while( 【2】  ) fputc(fgetc(f1), 【3】  );
     【4】  ; 【5】  ;
}
```

三、编程题

1. 从键盘输入一个字符串,将其中的小写字母全部转换成大写字母,输出到磁盘文件 upper. txt 中保存。输入的字符串以"!"结束。然后再将文件 upper. txt 中的内容读出显示在屏幕上。

2. 设文件 t. tex 中存放了一组整数。请编程统计并输出文件中正数、0 和负数的个数。

3. 设文件 student. txt 中存放着一年级学生的基本情况,这些情况由以下结构体描述:

```
struct   student
{int num; /* 学号 */
char   name[10];/* 姓名 */
int   age;/* 年龄 */
char   sex;/* 性别 */
};
```

请编写程序,输出学号在 8～20 之间的学生的学号、姓名、年龄和性别。

12.4 实验题

一、观察顺序文件的读数据操作
• 实验要求

在 D 盘根目录下建立一个名称为 test. txt 的文件,并录入一些内容(英文内容),然后调试如下程序:

```
# include < stdio. h>
int main()
{
    int ch;
    FILE * fp;
    fp = fopen("D:\\test.txt", "r");
    if (fp == NULL)
    {
        printf("test. txt 不存在");
        return (0);
    }
    while((ch = fgetc(fp))!= EOF)
        putchar(ch);
    fclose(fp);
    return 1;
}
```

- **算法分析**

(1) 使用单步跟踪功能,观察 ch 变量的变化情况。

(2) 删除 D 盘上的文件 test.txt,执行该程序,出现什么情况? 分析 if(fp==NULL) 的作用。

(3) 将文件的打开模式改为 rb,程序的运行结果是什么? 为什么?

二、观察顺序文件的读写操作

- **实验要求**

分析给出的学生信息统计程序,观察程序,并找出向顺序文件写入数据和读出数据的语句。

- **算法分析**(略)

程序代码如下:

```c
#include <stdio.h>
#define MAX_STUDENT 100    /* 用常量控制最大可以输入 100 名学生 */
  struct  stu
{   long no;
    char name[20];
    int age;
    double score;
};/* 存储学生信息的结构体类型 */
void main()
{   struct stu student[MAX_STUDENT];/* 存储学生信息 */
    FILE *fp, *gp;
    int sum,i;
    printf("How many Students? "); /* 要输入的学生数 */
    scanf("%d",&sum); /* 输入每个学生信息 */
    for(i=0;i<sum;++i)
{   printf("\nInput score of student %d:\n",i+1);
    printf("No.     : ");
    scanf("%ld",&student[i].no);
    printf("Name: ");
    scanf("%s",student[i].name);
    printf("Age      : ");
    scanf("%d",&student[i].age);
    printf("Score : ");
    scanf("%lf",&student[i].score);
}
    /* 将数据写入文件 */
    fp=fopen("student.dat","w");
    for(i=0;i<sum;++i)
{   if(fwrite(&student[i],sizeof(struct stu),1,fp)!=1)
        printf("File student.dat write error\n");
    fclose(fp);
}
    /* 检查文件内容 */
    fp=fopen("student.dat","r");
    gp=fopen("student.txt","w");
    for(i=0;i<sum;++i)
```

```
    {fread(&student[i],sizeof(struct stu),1,fp);
        /* fread 以相同方式读出用 fwrite 写入的数据 */
printf("%ld,%s,%d,%lf\n",student[i].no, student[i].name,student[i].age,
        student[i].score); /* 屏幕显示,检查数据 */
        fprintf(gp, "%ld,%s,%d,%lf\n",student[i].no, student[i].name,
        student[i].age,student[i].score);/* 以相同的格式写入文件 student.txt */
    }
    fclose(fp);
    fclose(gp);
}
```

三、完善程序,实现文件输入输出验证

• **实验要求**

完善下列程序,调用 fputs 函数,把 10 个字符串输出到文件中;再从此文件中读入这 10 个字符串放在一个数组中;最后把字符串数组中的字符串输出到终端屏幕,以检查所有操作的正确性。

• **算法分析**(略)

程序代码如下:

```
#include<stdio.h>
void main()
{ int i;
  FILE *fp;
  char *str[10]={ "One","two","three","four","five","six","seven",
                  "eight","nine","ten"};
  char str2[10][20];
  fp=fopen("D:\\test.txt",      【1】        )
  if(fp==NULL)
  { printf("Can not open write file\n");
    return;
  }
  for(i=0;i<10;i++)
  { fputs(str[i],fp);
    fputs("\n",fp);
  }
      【2】    ;
  fp=fopen("D:\\test.txt",    【3】      );
  if(    【4】    )
  {   printf("Can not open read file\n");
    return;
  }
  i=0;
  while(i<10&&!feof(fp))
  { printf("%s",fgets(str2[i],20,fp));
    i++;
  }
}
```

四、观察随机出题程序的实现方法

• **实验要求**

建立一个程序,用于产生 20 组算式,每组算式包括一个两个数的加法、减法(要求被减

数要大于减数)、乘法和两位数除以一位数的除法算式,每一组为一行,将所有的算式保存到文本文件 d:\\a.txt 中。

- **算法分析**(略)

输入下列程序代码,观察并分析每条文件操作语句的作用。

```c
#include<stdio.h>
#include<stdlib.h>
void main()
{FILE *fp;
int i,a,b,t;
fp=fopen("d:\\a.txt","w");
for(i=1;i<=20;i++)
  {
    a=rand()%100;b=rand()%100;
    fprintf(fp,"\t%2d+%2d=   ",a,b);
    a=rand()%100;b=rand()%100;
      if(a<b) {t=a;a=b;b=t;}
    fprintf(fp,"\t%2d-%2d=   ",a,b);
    a=rand()%100;b=rand()%100;
    fprintf(fp,"\t%2d×%2d=   ",a,b);
    a=rand()%100;b=rand()%10;
      if(b<2) b=b+2;if(a<10) a=a+10;
    fprintf(fp,"\t%2d÷%2d=   ",a,b);
    fprintf(fp,"\n");
  }
fclose(fp);
}
```

(1) 在 Word 中打开 d:\\a.txt 文件,查看文件内容是否正确。

(2) 向 d:\\ a.txt 文件追加 100 组算式,每组算式包括一个一位数的加法和减法。

五、观察二进制文件数据读写的实现方法

- **实验要求**

从键盘读入 10 个浮点数,以二进制形式存入文件中。再从文件中读出数据显示在屏幕上。修改文件中第 4 个数据,然后从文件中读出数据显示在屏幕上,以验证修改的正确性。输入下列程序代码,观察并分析每条文件操作语句的作用。

- **算法分析**(略)

代码如下:

```c
#include "stdio.h"
void  ctfb(FILE *fp)
{
    int i;
    float x;
    for(i=0;i<10;i++)
    {   scanf("%f",&x);
        fwrite(&x,sizeof(float),1,fp);
    }
}
```

```
void fbtc(FILE * fp)
{
        float x;
        rewind (fp);
        fread(&x,sizeof(float),1,fp);
        while(!feof(fp))
        {   printf(" % f ",x);
             fread(&x,sizeof(float),1,fp);
        }
}
void updata(FILE * fp, int n, float x)
    {   fseek(fp,(long)(n-1) * sizeof(float),0);
        fwrite(&x,sizeof(float),1,fp);
    }
main()
{   FILE * fp;
        int n = 4;
        float x;
        if((fp = fopen("file.dat","wb + ")) == NULL)
        {   printf("can't open this file\n");
            exit(0);
        }
        ctfb(fp);   fbtc(fp);
        scanf(" % f",&x);
        updata(fp,n,x);
        fbtc(fp);
        fclose(fp);
}
```

第 13 章

常见错误分析和程序调试

13.1 常见错误分析

(1) 忘记定义变量,如:

```
main()
{a = 1;b = 2;
printf("%d\n",a + b);
}
```

C 语言要求对程序中用到的每一个变量都必须定义其类型,上面程序中没有对 a,b 进行定义。应在函数体的开头加"int a,b;"。

(2) 输入输出的数据类型与所用格式说明符不一致,如:

```
main()
{int a;
  float  b;
  a = 3;b = 4.5;
  printf("%f,%d\n",a,b);
}
```

编译时不给出出错信息,但运行结果与原意不符,输出为:

```
0.000000,16402
```

它们不是按照赋值规则转换,而是将数据在存储单元中的形式按格式符的要求组织输出(如 b 占 4 个字节,只把最后两个字节中的数据按"%d"作为整数输出)。

(3) 未注意 int 型数据的数值范围。

一般微型机使用的 C 编译系统对一个整型数据分配两个字节。因此一个整型数据的范围为 $-2^{15} \sim +2^{15} - 1$,即 $-32\,768 \sim 32\,767$。例如:

```
int n;
n = 89101;
printf("%d",n);
```

结果为 23565。原因是 89 101 已超过 32 767。两个字节容纳不下 89 101,则将高位截去,如图 13-1 所示。

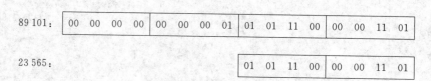

89 101:	00	00	00	00	00	00	00	01	01	01	11	00	00	00	11	01
23 565:									01	01	11	00	00	00	11	01

图 13-1   内存中数的存储

有时还会出现负数。例如:

```
m = 196607;
printf("%d",m);
```

结果为一1。因为 196 607 的二进制形式如图 13-2 所示。

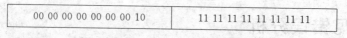

00 00 00 00 00 00 00 10	11 11 11 11 11 11 11 11

图 13-2   196 607 的二进制存储

去掉高位 10,低 16 位的值是一1(一1 的补码是 1111111111111111)。
对于超范围的数,要用 long 型,即改为:

```
long int n;
n = 89101;
printf("%ld",n);
```

注意:如果只定义 n 为 long 型,而输出时仍用"%d"说明符,仍会出现以上错误。
(4) 输入变量值时忘记使用地址符"&",如:

```
scanf("%d%d",a,b);
```

这是许多初学者容易出现的错误。应写成:scanf("%d%d",&a,&b)。
(5) 输入数据的格式与要求不符,如:

```
scanf("%d%d",&a,&b);
```

错误格式输入的数据:

3,4 ↙

按照 scanf 语句的格式规定,数据之间应该用空格分隔。正确的输入格式为:

3 4 ↙

如果 scanf 函数是:scanf("%d,%d",&a,&b),则:

3,4 ↙

输入格式是正确的。
(6) 误把"="作为"比较等"运算符。
在 C 语言中,"="是赋值运算符,"=="才是关系运算符"等于",如写成:

```
If(a = b) printf("%d",a);
```

C 编译系统将"a＝b"作为赋值表达式处理,将 b 的值赋给 a,然后判断 a 的值是否为 0,若为非 0,则作为"真";否则作为"假"。

这种错误在编译时检查不出来,但运行结果是错误的。

(7) 语句后面漏分号。

C 语言规定语句末尾必须加分号";"。分号是 C 语句结束的标志。在 C 语言中没有分号就不是语句。

(8) 在不该加分号的地方加了分号,如:

```
if(a>b);
    printf("%d",a);
```

本意为当 a＞b 时输出 a 的值,但由于在"if(a＞b)"后加了分号,因此 if 语句到此结束。即当 a＞b 为真时,执行一个空语句。而无论当 a＞b 还是 a＜b 时,都输出 a 的值。因为输出语句不受 if 语句约束了。再如:

```
for(i=0;i<10;i++);
{   scanf("%d",&x);
    printf("%d\n",x*x);
}
```

本意为先输入 10 个数,每输入一个后求出它的平方值。由于在 for( )后加了一个分号,使循环体变成了空语句。只能输入一个整数,再求出它的平方值。

总之,在 if,for,while 语句中,不要画蛇添足,多加分号。

(9) 应有花括号的复合语句没加花括号,如:

```
sum=0;
i=1;
while(i<=100)
    sum=sum+i;
    i++;
```

本意是实现 1＋2＋3＋…＋100,但上面的语句只是重复了 sum＝sum＋i 的操作,而且循环永不停止,因为 i 的值没有增加。错误在于没有写成复合语句形式。因此,while 语句的范围到其后第一个分号为止。语句"i＋＋;"不属于循环体范围之内。应该为:

```
while(i<=100)
    {sum=sum+i;
    i++;
    }
```

(10) 括号不配对。

当一个语句中使用多层括号时常出现这类错误,纯属粗心所致,如:

```
while((c=getchar()!='♯')
    putchar(c);
```

少了一个右括号。

(11) 在用标识符时,没注意大写字母和小写字母的区别,如:

```
void  main()
{int   a,b,c;
a = 2;b = 3;
C = a + b;
printf("%d,%d,%d",a,B,C);
}
```

编译出错。编译时把 c 和 C、b 和 B 认为是两个不同的变量名。

(12) 引用数组元素时误用了圆括号,如:

```
void main()
{int   i,a[10];
for(i = 0; i < 10; i++)
    scanf("%d",&a(i));
}
```

C 语言中数组定义或引用数组元素时必须使用方括号。

(13) 在定义数组时,将定义的"元素个数"误认为是"可使用的最大下标值",如:

```
void main()
{int a[5] = {1,2,3,4,5};
int i;
for(i = 1;i < = 5;i++)
    printf("%d",a[i]);
}
```

想输出 a[1]到 a[5]。这是初学者常犯的错误。C 语言定义时用 a[5],表示 a 数组有 5 个元素,而不是可以用的最大下标值为 5。数组包括 a[0]到 a[4]这 5 个元素。

(14) 误以为数组名代表数组中的全部元素,如:

```
void main()
{int a[4] = {1,2,3,4};
printf("%d%d%d%d",a);
}
```

企图用数组名代表全部元素。在 C 语言中,数组名代表数组首地址,不能通过数组名输出 4 个元素。

(15) 在引用指针变量前没有对它赋予确定的值,如:

```
void main()
{char   * p;
scanf("s%s",p);
}
```

没有给指针变量 p 赋值就引用它,编译时给出警告信息。应该为:

```
char   * p,c[20];
p = c;
scanf("%s",p);
```

即先根据需要定义一个大小合适的字符数组 c,然后将 c 数组的首地址赋给指针变量 p,此时 p 指向数组 c,把从键盘输入的字符串存放到字符数组 c 中。

(16) switch 语句的各分支中漏写 break 语句,如:

```
switch(score)
{case   5:printf("very good! ");
case   4:printf("good!");
case   3:printf("pass!");
case   2:printf("fail!");
defaule:printf("data   error!");
}
```

上述 switch 语句的作用是希望根据 score(成绩)输出评语。但当 score 的值为 5 时,输出为:

```
very good! good! pass! fail! data   error!
```

原因是漏写了 break 语句。"case   5:"后面的 case 只起标号作用,而不是判断作用。应该为:

```
switch(score)
{case   5:printf("very good!");break;
case   4:printf("good!");break;
case   3:printf("pass!");break;
case   2:printf("fail!");break;
defaule:printf("data   error!");break;
}
```

(17) 混淆字符和字符串的表达形式,如:

```
char   sex;
sex = "M";
```

M 是字符串,它包括两个字符:'M' 和 '\0',无法存放在字符变量中。

(18) 所调用的函数在调用语句之后定义,而在调用前没有声明,如:

```
void main()
{float   x,y,z;
x = 3.5;y = - 7.6;
z = max(x,y);
printf(" % f\n",z);
}
float   max(float x,float   y)
{return(z = x > y?x:y);}
```

此程序在编译时出错。改错方法有以下两种。

① 在 main 函数中增加一个对 max 函数的声明,即函数的原型:

```
void main()
{float   max(float,float);/ * 声明将要调用到的 max 函数为实型 * /
float   x,y,z;
x = 3.5;y = - 7.6;
```

```
z = max(x,y);
printf("% f\n",z);
}
```

② 将 max 函数的定义位置调到 main 函数之前,即:

```
float   max(float x,float   y)
{return(z = x > y?x:y);}
void main()
{float   x,y,z;
x = 3.5;y = - 7.6;
z = max(x,y);
printf("% f\n",z);}
```

(19) 在需要加头文件时没有用＃include 命令去包含头文件,如:

```
＃include"stdio. h"
void main()
{float x,y = - 2,7;
  x = fabs(y);
printf("% f",x);
}
```

程序中用到 fabs 函数,没有用＃include ＜math. h＞。

(20) 误认为形参值的改变会影响实参的值,如:

```
    void main()
    {void   swap(int,int);
    int a,b;
    a = 3;b = 4;swap(a,b);
    printf("% d, % d\n",a,b);
    }
void swap(int x,int y)
{int t;
t = x;x = y;y = t;
}
```

原意是通过调用 swap 函数使 a 和 b 的值对换,然后在 main 函数中输出已对换了的值的 a
和 b。但结果不是这样,因为 x 和 y 的值的变化是不传回实参 a 和 b 的,main 函数中的 a 和
b 的值并未改变。

如果想从函数得到一个已经变化了的值,应该用指针变量作为函数的参数,使指针变量
所指向的变量的值发生变化。此时变量的值改变了,主调函数中可以利用这些已改变的
值。如:

```
void main()
{void swap(int   * ,int * );
int a,b, * p1, * p2;
a = 3;b = 4;
p1 = &a;p2 = &b;
swap(p1,p2);
printf("% d, % d\n",a,b);
```

```
}
void   swap(int * pt1,int * pt2)
{int   t;
t = * pt1; * pt1 = * pt2; * pt2 = t;
}
```

（21）函数的实参和形参类型不一致，如：

```
void   main()
{int fun(float,float);
float a = 3.5,b = 4.6,c;
c = fun(a,b);
…
}
int fun( int x,int y)
{
…
return(x + y);
}
```

实参 a,b 为 float 型,但形参却为 int 型。C语言要求实参与形参的类型一致。

（22）不同的指针混用,如：

```
void main()
{int i = 3, * p1;
float   a = 1.5, * p2;
p1 = &i;p2 = &a;
p2 = p1;
printf(" % d, % d\n", * p1, * p2);
}
```

企图使 p2 也指向 i,但 p2 是指向实型变量的指针,不能指向整型变量。指向不同类型的指针间的赋值必须进行强制类型转换,如：

```
p2 = (float * )p1;
```

先将 p1 的值转换成指向实型的指针,然后再赋给 p2。

（23）没有注意函数参数的求值顺序,如：

```
i = 3;
printf(" % d, % d, % d\n",i,++i,++i);
```

许多人认为输出结果是 3,4,5,但实际是输出 5,5,4。

因为系统是采取自右至左的顺序求函数参数的值。先求出最右边的一个参数(＋＋i)的值为 4,再求出第 2 个参数(＋＋i)的值为 5,最后求出最左面的参数 i 的值为 5。

C标准没有具体规定函数参数求值的顺序是自左而右,还是自右而左。但每个 C 编译程序都有自己的顺序,在有些情况下,从左往右求解和从右往左求解的结果是相同的,如：

```
fun1(a + b,b + c,c + a);
```

（24）混淆数组名与指针变量的区别，如：

```
void main()
{int   i,a[5];
for(i = 0;i < 5;i++)
  scanf(" % d",a++);
   …
   }
```

企图通过 a 的改变使指针下移，每次指向欲输入数据的数组元素。它的错误在于不了解数组名代表数组的首地址，它的值是不能改变的，用 a＋＋是错误的，应该用指针变量来指向各数组元素，即：

```
int   i,a[5], * p;
p = a;
for(i = 0;i < 5;i++)
    scanf(" % d",p++);
```

或

```
int a[5], * p;
for(p = a;p < a + 5;p++)
    scanf(" % d",p);
```

以上列举了一些初学者常出现的错误，这些错误大多是由于对 C 语法不熟悉造成的。对 C 语言使用得多了，熟悉了，犯这些错误的机会就少了。在深入学习 C 语言后，还会出现其他一些更深入、更隐蔽的错误。

程序出错有以下 3 种情况。

① 语法错误。指不符合 C 语法规定。对这类错误，编译程序一般都能给出"出错信息"，并且告诉在哪一行出错。

② 逻辑错误。程序遵守 C 语法规定，但程序执行结果出错。这是由于程序设计人员设计的算法有错或编写程序有错，通知给系统的指令与解题的原意不相同，即出现了逻辑上的混乱。例如求 1＋2＋3＋…＋100 时用以下代码：

```
sum = 0;i = 1;
while(i < = 100)
  sum = sum + i;
    i++ ;
```

语法没错。但 while 语句通知给系统的是当 i≤100 时，执行"sum＝sum＋i;"，C 系统无法辨别程序中这个语句是否符合作者的原意，而只能执行这一指令。这种错误比语法错误更难检查。

③ 运行错误。程序既无语法错误，也无逻辑错误，但在运行时出现错误，甚至停止运行，如：

```
int a,b,c;
scanf(" % d % d",&a,&b);
```

```
c = b/a;
printf("%d\n",c);
```

如果输入 a 的值为 0,就会出现错误。因此程序应能适应不同的数据,或者说能经受各种数据的"考验",具有"健壮性"。

写程序容易,调试程序难。有时候一个小错误会引起连锁反应,造成多处错误,而只需改正一个错误,其他连锁反应引起的错误也消失了。发现和排除错误是比较困难的,需要读者通过实践掌握调试程序的方法和技巧。

13.2 程序调试

程序调试是指对程序的查错和排错。

调试程序一般经过以下几个步骤。

(1) 先进行人工检查,即静态检查。

当把程序代码输入到计算机中后,先不要着急运行,而应对程序进行人工检查。这一步十分重要,这样能发现程序设计人员由于疏忽而造成的多数错误。而这一步往往被人忽视。有人希望让计算机检查错误,这样会多占用计算机时间。而且,作为一个程序员应当养成严谨的科学作风,每一步严格把关,不把问题留给后面。

(2) 在人工静态检查无误后,才开始调试。

对于在编译时给出的语法错误,可以根据提示的信息具体找出程序中的出错之处并改正。应该注意的是:有时提示的出错行并不是真正的出错行,如果在提示出错的行上找不到错误,应该在其上下再找。另外,有时提示出错的类型并非绝对准确,由于出错的情况繁多而且各种错误互有关联,因此要善于分析,找出真正的错误,而不要只从字面意义上死抠出错信息,钻牛角尖。如果系统提示的出错信息多,应该从上到下逐一改正。

(3) 通过试运行程序查错。

在改正语法"错误"(error)和"警告"(warning)后,程序经过链接(link)就可得到可以执行的目标程序。运行程序,输入程序所需数据,就可以得到运行结果。应该对运行结果做分析,看它是否符合要求。

有时,数据比较复杂,难以立即判断结果是否正确。选择典型的"测试数据",输入这些数据就容易判断出结果是否正确。

(4) 根据运行结果排查逻辑错误。

运行结果不正确,大多属于逻辑错误。对这类错误需要仔细检查和分析才能发现。办法如下。

① 将程序与算法仔细对照,如果算法是正确的,程序写错了,是容易找到错误的。

② 采用"分段检查"的方法。在程序不同的位置设几个 printf 语句,输出有关变量的值,逐段往下查,直到找到在某一段中数据不对为止。这时就把错误范围缩小在这一段中了。不断缩小"查错区",就可以发现错误所在。

③ 如果在程序中没有发现问题,就要检查算法是否有问题,如果有则改正,然后再修改

程序。

　　④ 有的系统还提供 debug(调试)工具,跟踪流程并给出相应信息,使用更为方便,请查阅相关手册。

　　总之,程序调试是一项细致困难的工作,需要下工夫、动脑子、积累经验。在程序调试过程中可以反映一个程序员的设计水平、经验和态度。上机调试程序的目的不仅仅是为了验证程序的正确性,更是为了掌握程序调试的方法和技术。

测试题参考答案

1.3 测试题（本书测试题目中的编程答案略）

一、选择题

1. C 2. B 3. A 4. D 5. D 6. D

二、填空题

1. 函数 2. 32 3. main 4. 编译 5. scanf 6. printf 7. 编译程序 8. 语法错误
9. 语法错误

2.3 测试题

一、选择题

1. C 2. A 3. A 4. D 5. A 6. A 7. D 8. D 9. D 10. B
11. D 12. A 13. B 14. A

二、填空题

1. 【1】双目 【2】整型 【3】字符型
2. 7   3. a&00000000   4. 3
5. sqrt(fabs(pow(y,x)+log(y))) 6. fabs(pow(x,3.0)+log(x)) 7. −60

3.3 测试题

一、选择题

1. D 2. B,C 3. A 4. C 5. A 6. B 7. B 8. B 9. A 10. A

二、填空题

1. 3,140000,3.142
2. 【1】scanf("%d%f%f%c%c",&a,&b,&x,&c1,&c2);
   【2】3 6.5 12.6aA

4.3 测试题

一、选择题

1. D 2. C 3. C 4. B 5. B 6. B

二、填空题

1. 【1】0 【2】1 2. 1 3. 【1】&& 【2】|| 【3】! 4. 0

5.3　测试题

一、选择题

1. C　2. D　3. C　4. A　5.【1】C　【2】A　6. B　7. A　8.【1】B　【2】C　9. D
10. B　11. B

二、填空题

1.【1】c!= '\n'　【2】c>='0' && c<='9'　　2.【1】float　【2】pi+1.0/(i*i)

3.【1】x1>0　【2】x1/2−2　　　　　　　4.【1】r=m,m=n,n=r　【2】m%n

5. 2*x+4*y==90　　　　　　　　　　6. sgn=−sgn

7.【1】&a,&b　【2】fabs(b−a)/n　【3】sin(i)*cos(i)

8.【1】e=1.0　【2】new>=1e−6　　　9.【1】m=0,i=1　【2】m+=i

10.【1】1000−i*50−j*20　【2】k>=0

6.3　测试题

一、选择题

1. C　2. A　3. A　4. B　5. B　6. C　7. D　8. A　9. D　10. A　11. C　12. B
13. D　14. C　15. A　16. A

二、填空题

1. 按行存放　2.【1】0　【2】4　3.【1】0　【2】6　4.【1】j<=2　【2】b[j][i]=a[i][j]
【3】i<=2　5.【1】break　【2】i==5　6.【1】i−1　【2】a[j+1]=a[j]　【3】a[j+1]

7.【1】a[i]>b[j]　【2】i<3　【3】j<5

8. 6　1　2　3　4　5
　 5　6　1　2　3　4
　 4　5　6　1　2　3
　 3　4　5　6　1　2
　 2　3　4　5　6　1
　 1　2　3　4　5　6

9. 600　10.【1】strlen(t)　【2】t[k]==c　11.【1】str[0]　【2】strcpy(s,str[1])　【3】s

7.3　测试题

一、选择题

1. B　2. D　3. D　4. C　5. D　6. B　7. A　8. A　9. D　10. B　11. C　12. D
13. B　14. C　15. B　16. A　17.【1】A　【2】B　18. C　19. A　20. D　21. C　22. B
23. A　24. D

二、填空题

1. main 函数　2.【1】函数说明　【2】函数体　3. 自动(auto)　4.【1】x+y,x−y
【2】z+y,z−y　5. f(r)*f(n)<0　6. 1010　7.【1】j=1　【2】y>=1　【3】−−y(或y−−)

8.【1】y>x && y>z　【2】j%x1==0 && j%x2==0 && j%x3==0

9. temp!=0　10. sum=6　11.【1】age(n−1)+2　【2】age(5)

12. 是否调用函数本身 　13.【1】a[i]　【2】a[10－i]

8.3　测试题

一、选择题

1. A　2. B　3. B　4. C　5. A　6. D　7. C　8. D　9. A
10.【1】B　【2】B　【3】C　11.【1】A　【2】D　12.【1】B　【2】A　【3】A　13. A

二、填空题

1.【1】指针变量　【2】变量类型
2.【1】首地址　【2】元素的首地址
3.【1】字符类型　【2】首地址　【3】第一个字符的地址
4.【1】& x　【2】y　【3】& y[0]　【4】& y[3]　【5】y＋3
5.【1】下标法　【2】指针法
6.【1】字符数组　【2】字符指针
7. 首地址
8.【1】* min＞b　【2】min＝& c　【3】* min
9. 12345how do you do
10. 8
11. 110
12. 7　1
13. printf("%s\n",name[i]);
14.【1】p＝& ch；　【2】scanf("%c",p);　【3】* p＝'a';　【4】printf("%c",* p);
15.【1】s＝p＋3;　【2】s＝s－2　【3】a[4]　【4】*（s＋1)

9.3　测试题

一、选择题

1. A　2. C　3. A　4. D　5. D　6. D　7. C　8. B　9.【1】B　【2】B　10. B
11. C

二、填空题

1.【1】共用体　【2】枚举　2. struct st 或 ex　3.【1】2　【2】3　4. 10,x
5.【1】max＝ person[i]. age　【2】min＝ person[i]. age　【3】& &
6.【1】& rec－＞s[i]　【2】sum＋rec－＞s[i];　【3】(* (s＋k)). s[i]
7.【1】结构体　【2】位数

10.3　测试题

一、选择题

1. A　　2. B　　3. B　　4. D

二、填空题

1.【1】宏定义　【2】文件包含　　2.【1】3　【2】4　　3. 9 10 11 12
4. 1000 10　　5. 11　　6. MIN　　7. 0 1 1　　8. 10,10,12.5

11.3 测试题

一、选择题

1. D 2. D 3. D 4.【1】B 【2】D 【3】B 5. D

二、填空题

1.【1】p—>next 【2】p—>data<m
2.【1】struct list 【2】(struct list *)
  【3】return h 【4】p—>data
3.【1】struct list *【2】q
  【3】printf("%d\n",p—>data);

12.3 测试题

一、选择题

1. A 2. D 3. C 4. B 5. B 6. C 7. D

二、填空题

1.【1】ASCII 文件 【2】二进制文件 【3】记录式文件 【4】字节流文件
  【5】缓冲文件系统
2.【1】fscanf() 【2】fprintf() 【3】磁盘文件 【4】rewind() 【5】fseek()
3.【1】"r" 【2】(!feof(fp)) 【3】fgetc(fp)
4.【1】顺序 【2】随机
5.【1】ASCII 码 【2】二进制位
6.【1】3 【2】!feof(f1) 【3】f2 【4】fclose(f1) 【5】fclose(f2)

江苏省计算机等级考试二级 C 语言程序设计考试大纲 2015

总体要求

1. 掌握程序设计和程序调试的一般步骤与方法。

2. 掌握计算机解题的常用算法。

3. 能熟练使用 C 语言编写程序并能上机调试和运行程序。

考试范围

一、二级公共计算机信息技术基础知识

二、C 语言语法

1. C 语言基本概念

(1) 源程序的格式、风格和结构。

(2) main 函数的特性。

(3) 基本类型数据的表示及使用。

① 系统预定义类型标识符、修饰符的意义及使用。

② 基本类型常量的表示及使用(整型常量,单精度实型常量,双精度实型常量,字符型常量,字符串常量)。

③ 基本类型变量的声明、初始化及使用。

(4) 运算符和表达式的表示及使用。

① 赋值表达式、算术表达式、关系表达式、逻辑表达式、逗号表达式、条件表达式、位运算表达式。

② 赋值、++、−−运算符的左值要求。

③ 逻辑表达式求值顺序与优化。

④ 运算符的目数、优先级与结合性。

⑤ 操作数类型的自动转换与强制转换。

2. 基本语句

(1) 顺序结构。

① 表达式语句、函数调用语句、空语句、复合语句。

② 标准输入输出库函数的调用(printf,scanf,getchar,putchar,gets,puts)。

（2）选择结构。

① if-else 语句；

② switch 语句。

（3）循环结构。

① while 语句；

② do-while 语句；

③ for 语句。

（4）跳转语句。

① break 语句；

② continue 语句；

③ return 语句；

④ goto 语句。

3. 构造类型数据

（1）基本类型一维数组与二维数组。

① 数组声明及初始化；

② 数组元素引用表达式。

（2）结构类型变量和一维数组。

① 结构类型定义；

② 结构类型变量和一维数组声明及初始化；

③ 结构类型变量成员和结构类型数组元素成员引用表达式。

（3）联合类型变量。

① 联合类型定义；

② 联合类型变量声明及初始化；

③ 联合类型变量成员引用表达式。

4. 指针类型数据

（1）指针与地址的概念,取地址运算符 &。

（2）指向变量和数组元素的指针变量声明、初始化、赋值、算术运算及使用,引用运算符□和 *。

（3）指向二维数组一行元素的行指针变量声明、初始化、赋值、算术运算及使用。

（4）指向结构变量和数组的指针变量声明、初始化、赋值及使用。

（5）指针数组的声明及使用。

（6）二级指针的声明及使用。

5. 函数

（1）函数定义、声明及调用。

（2）递归函数定义及调用。

（3）函数调用时参数的传递(传递数值、传递地址)及类型兼容。

（4）函数返回值的产生与传递。

（5）变量作用域(全局变量、局部变量、形式参数变量)。

（6）变量存储类型和生存期。

（7）main 函数的形式参数声明及使用。

(8) 指向函数的指针变量声明、初始化、赋值及使用。

6. 枚举类型数据

(1) 枚举类型定义和枚举常量的使用。

(2) 枚举变量声明、赋值及使用。

7. 预处理命令

(1) ♯define 命令(符号常量定义及引用,宏定义及调用)。

(2) ♯include 命令。

8. 文件操作

(1) 文件指针变量声明、赋值及使用。

(2) 缓冲文件系统库函数及宏定义(fopen,fclose,fprintf,fscanf,feof,rewind,fread,fwrite,fseek)。

9. 单向链表

(1) 结点类型定义、动态申请与释放。

(2) 建立链表、遍历链表、插入新结点、删除结点。

三、常用C语言库函数

(1) 数学计算(abs,fabs, sin,cos, tan, exp, sqrt, pow, log)。

(2) 字符处理(isalpha, isdigit, islower, isupper, isspace, tolower, toupper)。

(3) 字符串处理(strcmp, strcat, strcpy, strlen, strcnmp, strncat, strncpy, strlwr, strupr)。

四、常用算法

1. 数据交换、累加、累乘

2. 非数值计算

(1) 穷举法。

(2) 排序(冒泡法、插入法、选择法)。

(3) 归并(或合并)。

(4)查找(线性法、折半法)。

3. 数值计算

(1) 级数计算(递推法)。

(2) 一元非线性方程求根(牛顿法,二分法)。

(3) 定积分计算(梯形法、矩形法)。

(4) 矩阵转置、矩阵乘法。

考试方式

1. 上机考试,考试时长 120 分钟,满分 100 分。

2. 题型及分值

单项选择题 40 分(含公共基础知识部分 10 分)、操作题 60 分(包括填空题、改错题及编程题)。

3. 考试环境

Visual C++ 6.0。

2015 江苏省计算机等级考试二级 C 模拟题

第一部分　计算机基础知识

一、选择题(共 20 分,每题 2 分)

1. 在下列有关现代信息技术的一些叙述中,正确的是_____。
   A. 集成电路是 20 世纪 90 年代初出现的,它的出现直接导致了微型计算机的诞生
   B. 集成电路的集成度越来越高,目前集成度最高的已包含几百个电子元件
   C. 目前所有数字通信均不再需要使用调制解调技术和载波技术
   D. 光纤主要用于数字通信,它采用波分多路复用技术以增大信道容量

2. 最大的 10 位无符号二进制整数转换成八进制数是_____。
   A. 1023　　　　　　 B. 1777　　　　　　 C. 1000　　　　　　 D. 1024

3. 在下列有关目前 PC CPU 的叙述中,错误的是_____。
   A. CPU 芯片主要是由 Intel 公司和 AMD 公司提供的
   B. "双核"是指 PC 主板上含有两个独立的 CPU 芯片
   C. Pentium 4 微处理器的指令系统由数百条指令组成
   D. Pentium 4 微处理器中包含一定容量的 Cache 存储器

4. 在下列有关当前 PC 主板和内存的叙述中,正确的是_____。
   A. 主板上的 BIOS 芯片是一种只读存储器,其内容不可在线改写
   B. 绝大多数主板上仅有一个内存插座,因此 PC 只能安装一根内存条
   C. 内存条上的存储器芯片属于 SRAM(静态随机存取存储器)
   D. 目前内存的存取时间大多在几 ns(纳秒)到十几 ns(纳秒)之间

5. 在下列有关 PC 辅助存储器的叙述中,正确的是_____。
   A. 硬盘的内部传输速率远远大于外部传输速率
   B. 对于光盘刻录机来说,其刻录信息的速度一般小于读取信息的速度
   C. 使用 USB 2.0 接口的移动硬盘,其数据传输速率大约为每秒数百兆字节
   D. CD-ROM 的数据传输速率一般比 USB 2.0 还快

6. 在下列 PC I/O 接口中,数据传输速率最快的是_____。
   A. USB 2.0　　　　 B. IEEE-1394　　　　 C. IrDA(红外)　　　　 D. SATA

7. 计算机软件可以分为商品软件、共享软件和自由软件等类型。在下列相关叙述中,

错误的是_____。

    A. 通常用户需要付费才能得到商品软件的使用权,但这类软件的升级总是免费的

    B. 共享软件通常是一种"买前免费试用"的具有版权的软件

    C. 自由软件的原则是用户可共享,并允许拷贝和自由传播

    D. 软件许可证是一种法律合同,它确定了用户对软件的使用权限

8. 人们通常将计算机软件划分为系统软件和应用软件。下列软件中,不属于应用软件类型的是_____。

    A. AutoCAD   B. MSN

    C. Oracle   D. Windows Media Player

9. 在下列有关 Windows 98/2000/XP 操作系统的叙述中,错误的是_____。

    A. 系统采用并发多任务方式支持多个任务在计算机中同时执行

    B. 系统总是将一定的硬盘空间作为虚拟内存来使用

    C. 文件(夹)名的长度可达 200 多个字符

    D. 硬盘、光盘、U 盘等均使用 FAT 文件系统

10. 在下列有关算法和数据结构的叙述中,错误的是_____。

    A. 算法通常是用于解决某一个特定问题,且算法必须有输入和输出

    B. 算法的表示可以有多种形式,流程图和伪代码都是常用的算法表示方法

    C. 常用的数据结构有集合结构、线性结构、树型结构和网状结构等

    D. 数组的存储结构是一种顺序结构

第二部分 C程序设计

一、选择题(共 10 分,每题 2 分)

1. 以下定义和声明中,语法均有错误的是。

① int j(int x){}   ② int f(int f){}   ③ int 2x=1;   ④ struet for{int x;};

    A. ②③   B. ③④   C. ①④   D. ①②③④

2. 设有定义和声明如下:

```
#define d 2
int x=5;float Y = 3.83;char c = 'd';
```

以下表达式中有语法错误的是_____。

    A. x++   B. y++   C. c++   D. d++

3. 以下选项中,不能表示以下函数功能的表达式是_____。

$$s = \begin{cases} 1 & (x > 0) \\ 0 & (x = 0) \\ -1 & (x < 0) \end{cases}$$

    A. s=(X>0)? 1:(X<0)? -1:0   B. s=X<0? -1:(X>0)? 1:0

    C. s=X<=0? -1:(X==0? 0:1)   D. s=x>0? 1:x==0? 0:-1

4. 以下语句中有语法错误的是_____。

    A. printf("%d",0e);   B. printf("%f",0e2);

C. printf("%d",Ox2);　　　　　　　　D. printf("%s","0x2");

5. 以下函数定义中正确的是_____。

　　A. double fun(double x,double y){}　　B. double fun(double x;double Y){}

　　C. double fun(double x,double Y);{}　　D. double fun(double X,Y){}

二、填空题(共 20 分,每空 2 分)

1. 以下程序运行后的输出结果是___(1)___。

```c
# include "stdio.h"
void main()
{double x[3] = {1.1,2.2,3.3},y;
FILE * fp = fopen("d:\\a.out","wb+");
fwrite(x,sizeof(double),3,fp);
fseek(fp,2L * sizeof(double),SEEK_SET);
fread(&y,sizeof(double),1,fp);
printf("%.1f",y);
fclose(fp);
}
```

2. 以下程序运行后的输出结果是___(2)___。

```c
# include "stdio.h"
void main()
{int k = 5,n = 0;
while(k > 0)
{switch(k)
{case 1:
case 3:n += 1;k -- ;break;
default:n = 0;k -- ;
case 2:
case 4: n += 2;k -- ;break;
}
printf("%3d",n);}
}
```

3. 以下程序运行后的输出结果是___(3)___。

```c
# include "stdio.h"
void change(intx,inty,int * z)
{int t;
t = x;x = y;y = * z; * z = t;
}
void main()
{int x = 18,y = 27,z = 63;
change(x,y,&z);
printf("x = %d,y = %d,z = %d\n",x,y,z);
}
```

4. 以下程序运行后的输出结果是___(4)___。

```c
# include "stdio.h"
int f(intx, int y)
```

```
{return x + y;}
void main()
{double a = 5.5,b = 2.5;
printf(" % d",f(a,b));
}
```

5. 以下程序运行后的输出结果中第一行是____(5)____、第二行是____(6)____、第三行是____(7)____。

```
# include "stdio. h"
# define N 5
void main()
{static char a[N][N];
inti,j,t,start = 0,end = N - 1;
char str[ ] = "123",ch;
for(t = 0;t < = N/2;t++)
{ch = str[t];
 for(i = start;i < = end;i++)
  for(j = start;j < = end;j++)
    a[i][j] = ch;
 for(i = end;i > start;i -- )
   for(j = end;j > start;j -- )
     a[i][j] = ch;
 if(start == end) a[start][end] = ch;
 start++,end -- ;
}
for(i = 0;i < N;i++)
{for(j = 0;j < N;j++)
  printf(" % c",a[i][j]);
printf("\n");}}
```

6. 以下程序运行后,输出结果中的第一行是____(8)____、第二行是____(9)____、第三行是____(10)____。

```
# include "stdio. h"
# include "stdio. h"
void fun( int x, int p[ ], int  * n)
{int i,j = 0;
for(i = 1;i < = x/2;i++)
   if(x % i == 0)p[j++] = i;
 * n = j;}
void main()
{int a[10],n,i;
fun(27,a,&n);
for(i = 0;i < n;i++)
    printf(" % 5d\n",a[ı]);
printf(" % 5d",n);
}
```

三、操作题(共 50 分)

1. 完善程序(共 12 分,每空 3 分)。

【要求】

(1) 打开 T 盘中的文件 myf0.c,按以下程序功能完善文件中的程序。

(2) 修改后的源程序仍保存在 T 盘 myf0.c 文件中,请勿改变 myf0.c 的文件名。

【程序功能】

将两个字符串首尾相连拼接成一个新的字符串,短串在前长串在后。

函数 char * stringcat(char * s1, char * s2,char * s3)用 s1 串和 s2 串拼接成一个新串,保存到 s3 指向的数组,函数返回 s3 的值。

【测试数据与运行结果】

    输出:first string:

    输入:bbbb

    输出:second string:

    输入:aaa

    输出:last string:

        aaabbbb

【待完善的源程序】

```c
#include <stdio.h>
#include <string.h>
#include <conio.h>
char * stringcat( char * s1, char * s2,char * s3)
{
    char *p;
    p = __(1)__ ;
    while (( * s3++ = * s1++)!= '\0');
    s3 -- ;
    while((__(2)__ )!= '\0');
    return p;
}
int main()
{
    char s1[100],s2[100],s3[200];
    puts("first string:");
    gets(s1);
    puts("second string");
    gets(s2);
    puts("last string:");
if(strlen(s1)< strlen(s2))
        puts(stringcat(__(3)__ ));
    else
        printf("%s", stringcat(__(4)__ ));
    getch();
    return 0;
}
```

2. 改错题(共 16 分,每题 4 分)。

【要求】

(1) 打开 T 盘中的文件 myf1.c,按以下程序功能改正文件中程序的错误。

(2) 可以修改语句中的一部分内容,调整语句次序,增加变量声明或预处理命令,但不能增加其他语句,也不能删去整条语句。

(3) 修改后的源程序仍保存在 T 盘 myf1.c 中,请勿改变 myf1.c 的文件名。

【程序功能】

统计手机通话次数。

函数 find_insert 的形参 s 指向的数组中保存了 len 个不同手机号码的通话次数记录,这些记录已按姓名以字典序升序排列,姓名相同的记录按电话号码升序排列。函数功能是在 s 指向的数组中查找 x 所代表的联系人的通话记录,若在 s 数组中找到相关联系人信息,则数组中相应元素的成员 count 增 1;若没找到则将 x 插入 s 数组中并保证插入后数组中的数据仍然有序,新插入的通话记录中的 count 成员值置为 1。函数返回数组中有效记录个数。

【测试数据与运行结果】

若输入:zhang   17712345678

则输出:

an	13112345678	2
Deng	13351513333	1
Li	18720152016	2
Zhang	13977778888	1
Zhang	17712345678	1
Zhang	18711119999	1

若输入:li   18720152016

则输出:

an	13112345678	2
deng	13351513333	1
li	18720152016	3
zhang	13977778888	1
zhang	18711119999	1

【含有错误的源程序】

```c
#include<stdio.h>
#include<string.h>
#include<conio.h>
struct phonebook
{
    char name[30];
    char phone[20];
    int count;
```

```
};
void find_insert(struct phonebook  * s, intlen, struct phonebook x)
{
    inti, j;
    for(i = 0; i < len; i++)
      if(strcmp(s[i].phone, x.phone) == 0)
      {
          s[i].count++;
          return len;
      }
       for(i = 0; i < len; i++)
  if(strcmp(s[i].name, x.name) > 0 || strcmp(s[i].name, x.name) == 0&&strcmp(s[i].phone, x.phone) > 0)
          break;
    if(i < len)
    {
        for(j = len; j > i; j--) s[j] = s[j + 1];
        s[i] = x;
        s[i].count = 1;
    }
    else
    {
        s[len] = x;  s[len].count = 1;
    }
    return len;
}
int main()
{
    struct phonebook tb[10] = {{"an","13112345678",2},{"deng","13351513333",1},
{"li","18720152016",2},{"zhang","13977778888",1},{"zhang","18711119999",1}};
    struct phonebook m;
    inti, ct = 5;
    scanf(" % s % s", m. name, m. phone);
    ct = find_insert(tb[], ct, m);
    for(i = 0; i < ct; i++)
        printf(" % - 20s % - 20s % 5d\n", tb[i].name, tb[i].phone, tb[i].count);
    getch();
    return 0;
}
```

3. 编程题(22 分)。

【要求】

(1) 打开 T 盘中的文件 myf2. c,在其中输入所编写的程序。

(2) 数据文件的打开、使用、关闭均用 C 语言标准库中缓冲文件系统的文件操作函数
实现。

(3) 请勿改变 myf2. c 的文件名。

【程序功能】

输出 150 以内的所有 H 半素数。

H 数是指值为 $4 \times n + 1$ 的整数($n = 0, 1, 2, \cdots$)。

例如：1,5,9,13,17,21,25,29,33,37,41,45,49,…都是 H 数。

H 素数 r 是指除了 1 和 r 自身外，不能被其他 H 数整除的 H 数。例如 5,9,13,17,21,29 都是 H 素数。

H 半素数是指能分解为两个 H 素数乘积的 H 数。例如：25 是 H 半素数（25＝5×5）；45 也是 H 半素数（45＝5×9）；而 125 是 H 数但不是 H 半素数，它可以分解成 3 个 H 素数的乘积 125＝5×5×5。

【编程要求】

(1) 编写 int search(int a[][3])函数。函数功能是找出所有小于 150 的 H 半素数，依次将找到的每个 H 半素数及其分解的两个 H 素数因子存入 a 指向数组的一行中，函数返回找到的 H 半素数的个数。

(2) 编写 main 函数。函数功能是声明二维数组 a，用 a 数组作实参调用 search 函数找出满足条件的 H 半素数，将 a 数组中的结果数据按"测试数据与运行结果"中所给格式输出到屏幕及文件 myf2.out 中。最后将考生本人准考证号输出到文件 myf2.out 中。

【测试数据与运行结果】

输出：

```
Number : 8
25 = 5 * 5   45 = 5 * 9   65 = 5 * 13   81 = 9 * 9   85 = 5 * 17   105 = 5 * 21   117 = 9 * 13   145 = 5 * 29
```

2015 江苏省计算机等级考试
二级 C 模拟题参考答案

第一部分　计算机基础知识

选择题

1. D　2. B　3. B　4. D　5. B　6. D　7. A　8. C　9. D　10. A

第二部分　C 程序设计

一、选择题

1. B　2. D　3. C　4. A　5. B

二、填空题

(1) 3.3　(2) 2 3 5 6　(3) x＝18, y＝27, z＝18　(4) 7　(5) 11111　(6) 12221

(7) 12321　(8) 1　(9) 3　(10) 9

三、操作题

略

全国计算机等级考试二级 C 语言程序设计考试大纲(2013年版)

基本要求

(1) 熟悉 Visual C++ 6.0 集成开发环境。

(2) 掌握结构化程序设计的方法,具有良好的程序设计风格。

(3) 掌握程序设计简单的数据结构和算法并能阅读简单的程序。

(4) 在 Visual C++ 6.0 集成环境下,能够编写简单的 C 程序,并具有基本的纠错和调试程序的能力。

考试内容

1. C 语言程序的结构

(1) 程序的构成,main 函数和其他函数。

(2) 头文件,数据说明,函数的开始和结束标志及程序中的注释。

(3) 源程序的书写格式。

(4) C 语言的风格。

2. 数据类型及其运算

(1) C 的数据类型(基本类型,构造类型,指针类型,无值类型)及其定义方法。

(2) C 运算符的种类、运算优先级和结合性。

(3) 不同类型数据间的转换与运算。

(4) C 表达式类型(赋值表达式,算术表达式,关系表达式,逻辑表达式,条件表达式,逗号表达式)和求值规则。

3. 基本语句

(1) 表达式语句,空语句,复合语句。

(2) 输入输出函数的调用,正确输入数据并正确设计输出格式。

4. 选择结构程序设计

(1) 用 if 语句实现选择结构。

(2) 用 switch 语句实现多分支选择结构。

(3) 选择结构的嵌套。

5. 循环结构程序设计

(1) for 循环结构。

(2) while 和 do…while 循环结构。

(3) continue 语句和 break 语句。

(4) 循环的嵌套。

6. 数组的定义和引用

(1) 一维数组和二维数组的定义、初始化和数组元素的引用。

(2) 字符串与字符数组。

7. 函数

(1) 库函数的正确调用。

(2) 函数的定义方法。

(3) 函数的类型和返回值。

(4) 形式参数与实际参数,参数值的传递。

(5) 函数的正确调用,嵌套调用,递归调用。

(6) 局部变量和全局变量。

(7) 变量的存储类别(自动,静态,寄存器,外部),变量的作用域和生存期。

8. 编译预处理

(1) 宏定义和调用(不带参数的宏,带参数的宏)。

(2) "文件包含"处理。

9. 指针

(1) 地址与指针变量的概念,地址运算符与间址运算符。

(2) 一维、二维数组和字符串的地址及指向变量、数组、字符串、函数、结构体的指针变量的定义。通过指针引用以上各类型数据。

(3) 用指针作函数参数。

(4) 返回地址值的函数。

(5) 指针数组,指向指针的指针。

10. 结构体与共用体

(1) 用 typedef 说明一个新类型。

(2) 结构体和共用体类型数据的定义和成员的引用。

(3) 通过结构体构成链表,单向链表的建立,结点数据的输出、删除与插入。

11. 位运算

(1) 位运算符的含义和使用。

(2) 简单的位运算。

12. 文件操作

只要求缓冲文件系统(即高级磁盘 I/O 系统),对非标准缓冲文件系统不要求。

(1) 文件类型指针(FILE 类型指针)。

(2) 文件的打开与关闭(fopen,fclose)。

(3) 文件的读写(fputc,fgetc,fputs,fgets,fread,fwrite,fprintf,fscanf 函数的应用),文件的定位(rewind,fseek 函数的应用)。

考试方式

1. 上机考试,考试时长 120 分钟,满分 100 分。

2. 题型及分值

单项选择题 40 分(含公共基础知识部分 10 分)、操作题 60 分(包括填空题、改错题及编程题)。

3. 考试环境

Visual C++ 6.0

全国计算机等级考试二级C模拟题

一、选择题(每小题 1 分,共 40 小题,共 40 分)

1. 算法的空间复杂度是指(　　)。

A. 算法程序的长度

B. 算法程序中的指令条数

C. 算法程序所占的存储空间

D. 算法执行过程中所需要的存储空间

2. 下列叙述中正确的是(　　)。

A. 一个逻辑数据结构只能有一种存储结构

B. 逻辑结构属于线性结构,存储结构属于非线性结构

C. 一个逻辑数据结构可以有多种存储结构,且各种存储结构不影响数据处理的效率

D. 一个逻辑数据结构可以有多种存储结构,且各种存储结构影响数据处理的效率

3. 简单的交换排序方法是(　　)。

A. 快速排序　　　　　B. 选择排序　　　　　C. 堆排序　　　　　D. 冒泡排序

4. 关于结构化程序设计原则和方法的描述错误的是(　　)。

A. 选用的结构只准许有一个入口和一个出口

B. 复杂结构应该用嵌套的基本控制结构进行组合嵌套来实现

C. 不允许使用 GOTO 语句

D. 语言中若没有控制结构,应该采用前后一致的方法来模拟

5. 相对于数据库系统,文件系统的主要缺陷有数据关联差、数据不一致性和(　　)。

A. 可重用性差　　　　B. 安全性差　　　　　C. 非持久性　　　　　D. 冗余性

6. 面向对象的设计方法与传统的面向过程的方法有本质不同,它的基本原理是(　　)。

A. 模拟现实世界中不同事物之间的联系

B. 强调模拟现实世界中的算法而不强调概念

C. 使用现实世界的概念抽象地思考问题从而自然地解决问题

D. 不强调模拟现实世界中的算法而强调概念

7. 对如下二叉树进行后序遍历的结果为(　　)。

A. ABCDEFB　　　　　B. DBEAFC　　　　　C. ABDECF　　　　　D. DEBFCA

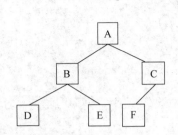

8. 软件设计包括软件的结构、数据接口和过程设计,其中软件的过程设计是指(　　)。

    A. 模块间的关系

    B. 系统结构部件转换成软件的过程描述

    C. 软件层次结构

    D. 软件开发过程

9. 两个或两个以上模块之间关联的紧密程度称为(　　)。

    A. 耦合度　　　　　　B. 内聚度　　　　　　C. 复杂度　　　　　　D. 数据传输特性

10. 下列描述错误的是(　　)。

    A. 继承分为多重继承和单继承

    B. 对象之间的通信靠传递消息来实现

    C. 在外面看不到对象的内部特征是基于对象的"模块独立性好"这个特征

    D. 类是具有共同属性、共同方法的对象的集合

11. 数据库 DB、数据库系统 DBS、数据库管理系统 DBMS 之间的关系是(　　)。

    A. DB 包含 DBS 和 DBMS　　　　　　B. DBMS 包含 DB 和 DBS

    C. DBS 包含 DB 和 DBMS　　　　　　D. 没有任何关系

12. 下列合法的声明语句是(　　)。

    A. int_abc=50;　　　　　　B. double int=3+5e2.5;

    C. long do=1L;　　　　　　D. float 3_asd=3e-3;

13. 设 x,Y 和 z 是 int 型变量,且 $x=4,y=6,z=8$,则下列表达式中值为 0 的是(　　)。

    A. x&&Y　　　　　　B. x<=Y

    C. x||y+z&&y-z　　　　　　D. !!!x

14. 若 ch 为 char 型变量,k 为 int 型变量(已知字符 a 的 ASCII 码是 97),则执行下列语句后输出的结果为(　　)。

```
ch = 'b';
k = 10;
printf("%X, %o,",ch,ch,k);
printf("k = %%d\n",k);
```

    A. 因变量类型与格式描述符的类型不匹配,输出无定值

    B. 输出项与格式描述符个数不符,输出为 0 值或不定值

    C. 62,142,k—%d

    D. 62,142,k—%10

15. 有下列程序:

```
fun(int X,int y){return(x+y);)
main()
{ int a=1,b=2,c=3,sum;
sum=fun((a++,b++,a+b),c++);
printf("%d\n",sum);
}
```

执行后的输出结果是（   ）。

    A. 6   B. 7   C. 8   D. 9

16. 假定 x 和 y 为 double 型,则表达式 x=2,y—x+3/2 的值是(   )。

    A. 3.500000   B. 3   C. 2.000000   D. 3.000000

17. 有如下程序:

```
main()
{int x=1,a=0,b=0;
switch(x)
{
case 0: b++;
case 1: a++;
case 2: a++;b++;
}
printf("a=%d,b=%d\n",a,b);
}
```

该程序的输出结果是(   )。

    A. a=2,b=1   B. a=1,b=1   C. a=1,b=0   D. a=2,b=2

18. 下列程序的输出结果是(   )。

```
main()
{int i=1,j=2,k=3;
if(i++= =1&&(++j= =3= = ‖ k++= =3))
printf("%d%d%d\n",i,J,k);
}
```

    A. 1 2 3   B. 2 3 4   C. 2 2 3   D. 2 3 3

19. 下列程序的输出结果是(   )。

```
#include
main()
{ int a=0,i;
for(i=1;i<5;i++)
switch(i)
{ case 0:
case 3: a+=1;
case 1:
case 2: a+=2;
default: a+=3;
}
printf("%d",i);
}
```

A. 19　　　　　　B. 1　　　　　　C. 6　　　　　　D. 8

20. 有以下程序:

```
main()
{int X,i;
for(i = 1;i <= 50;i++)
    {x = i;
    if(X % 2 = 0)
    if(x % 3 = 0)
    if(X % 7 = 0) .
    printf(" % d,i)";
    }
}
```

输出结果是(　　　)。

　　A. 28　　　　　　B. 27　　　　　　C. 42　　　　　　D. 41

21. 以下程序的输出结果是(　　　)。

```
main()
{int a[3][3] = {{1,2},{3,4},{5,6}},i,j,s = 0;
for(i = 1;i < 3;i++)
for(j = 0;j <= i;j++)s += a[i][j];
printf(" % d\n",s); }
```

　　A. 18　　　　　　B. 19　　　　　　C. 20　　　　　　D. 21

22. 有下列程序:

```
main()
{ int k = 5;
while( -- k) printf(" % d",k = 1);
printf("/n");
}
```

执行后的输出结果是(　　　)。

　　A. 1　　　　　　B. 2　　　　　　C. 4　　　　　　D. 死循环

23. 若有定义:"int a[2][3];",则对 a 数组的第 i 行第 j 列元素的正确引用为(　　　)。

　　A. *(*(a+i)+j)　　　　　　　　B. (a+i)[j]

　　C. *(a+i+j)　　　　　　　　　D. *(a+i)+j

24. 下列能正确进行字符串赋值的是(　　　)。

　　A. char s[5]={"ABCDE"};

　　B. char s[5]={'A','B','C','D','E'};

　　C. char * S;S="ABCDE";

　　D. char * s;printf("%《",s);

25. 现有以下结构体说明和变量定义,如图所示,指针 p、q、r 分别指定一个链表中连续的 3 个结点。

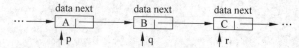

```
struct node
{har data;
struct node * next;} * p, * q, * r;
```

现将 q 和 r 所指结点交换前后位置,同时保持链表的结构,下列不能完成此操作的语句是(　　)。

    A. q—:＞next＝r—＞next;p——:＞next＝r;rm:＞next＝q;

    B. q—:＞next＝r;q—＞next＝r—＞next;r—＞next＝q;

    C. q—:＞next＝r—＞next;r—＞next＝q;p—＞next＝r;

    D. q—:＞next＝q;p—＞next＝r;q—＞next＝r—＞next;

26. 有下列程序:

```
main()
{int i,j,x = 0;
for(i = 0,i < 2;i++)
{x++;
for(j = 0;j <= 3;j++)
{if(j % 2)continue;
x++:
}
x++:
}
printf("x = % d\n"x);
}
```

程序执行后的输出结果是(　　)。

    A. x＝4　　　　　B. x＝8　　　　　C. x＝6　　　　　D. x＝12

27. 有下列程序:

```
int fun1(double a){return a * = a;}
int fun2(double x,double y)
{double a = 0,b = 0;
a = fun1(x);b = fun1(y);return(int)(a + b);
}
main()
{double w;w = fun2(1.1,2.0),…… }
```

程序执行后变量 w 中的值是(　　)。

    A. 5.21　　　　　B. 5　　　　　C. 5.0　　　　　D. 0.0

28. 有下列程序:

```
main()
{int i,s = 0,t[] = {1,2,3,4,5,6,7,8,9};
for(i = 0;i < 9;i += 2)s l= * (t + i);
```

```
printf("%d\n",s);
}
```

程序执行后的输出结果是(   )。

    A. 45   B. 20   C. 25   D. 36

    29. 有下列程序：

```
int fun(int n)
{if(n= =1))return 1;
else
return(n+fun(n-1)):
}
main()
{ int x;
seanf("%d",&x);x=fun(x);printf("%d\n",x);
}
```

执行程序时,给变量 x 输入10,程序的输出结果是(   )。

    A. 55   B. 54   C. 65   D. 45

    30. 有下列程序：

```
{int fun(int x[],int n)
{ static int sum=0,i;
for(i=0;i return sum;
}
main()
{int a[3]={1,2,3,4,5},b[3]={6,7,8,9},s=0;}
s=fun(a,5)+fun(b,4);printf("%d\n",s);
```

程序执行后的输出结果是(   )。

    A. 45   B. 50   C. 60   D. 55

    31. 有下列程序：

```
main()
f char * P[]=("3697","2584");
int i,j;long num=0;
for(i=0;i<2;i++)
{j=0;
while(p[i][j]!='\0')
{if((p[i][j]-t\0')%2)num=10*num+p[j][j]-'0';
j+=2;
}
printf("%d\n",num);
}
```

程序执行后的输出结果是(   )。

    A. 35   B. 37   C. 39   D. 3975

32. 以下程序的输出结果是(   )。

```
main()
{ char st[20] = "hel10\0\t\\\";
printf("%d%d\n",strlen(st),sizeof(st));
}
```

    A. 9 9   B. 5 20   C. 13 20   D. 20 20

33. 有定义"int t[3][2];",能正确表示 t 数组元素地址的表达式是(   )。
    A. &t[3][2]   B. t[3]   C. t[1]   D. t[2][2]

34. 函数 fseek(pf,OL,SEEK_END)中的 SEEK_END 代表的起始点是(   )。
    A. 文件开始   B. 文件末尾   C. 文件当前位置   D. 以上都不对

35. 下述程序的输出结果是(   )。

```
#include
main()
{int i;
for(i=1;i<=10;i++)
{if(i*i>=20)&&(i*i<=100))
break;
}
printf("%d\n",i*i);
}
```

    A. 49   B. 36   C. 25   D. 64

36. 若有定义"int b[8], * p=b;",则 p+6 表示(   )。
    A. 数组元素 b[6]的值   B. 数组元素 b[6]的地址
    C. 数组元素 b[7]的地址   D. 数组元素 b[0]的值加上 6

37. 设变量已正确定义,则以下能正确计算 f=n! 的程序是(   )。
    A. f=0; for(i=1;i<=n;i++)f * =i;
    B. f=1;for(i=1;i)
    C. f=1;for(i=n;i>1;i++)f * =i;
    D. f=1;for(i=n;i>=2;i--)f * =i;

38. 下述程序执行的输出结果是(   )。

```
#include
main()
{char a[2][4]; ,
strcpy(a."are");strcpy(a[1],"you");
a[o][3] = '&';
printf("%s\n",a);
}
```

    A. are&you   B. you   C. are   D. &

39. 设 x=011050,则 x=x&01252 的值是(   )。
    A. 0000001000101000   B. 1111110100011001
    C. 0000001011100010   D. 1100000000101000

40. 在文件包含、预处理语句的使用形式中,当♯include 后面的文件名用(双引号)括时,寻找被包含文件的方式是(　　)。

　　A. 直接按系统设定的标准方式搜索目录

　　B. 先在源程序所在的目录搜索,如没找到,再按系统设定的标准方式搜索

　　C. 仅仅搜索源程序所在目录

　　D. 仅仅搜索当前目录

二、基本操作题(共 18 分)

请补充函数 proc(),该函数的功能是计算下面公式 SN 的值:

$$SN=1+1/3+4/5+\cdots+2N-1/SN-1$$

例如,当 N=20 时,SN=29.031674。

注意:部分源程序给出如下。

请勿改动 main() 函数和其他函数中的任何内容,仅在函数 proc() 的横线上填入所编写的若干表达式或语句。

试题程序:

```
# include
# include
# include
double proc(int n)
{
double s = 1.0,sl = 0.0;
int k;
for(【1】;k < = n;k++)
{
sl = S;
【2】
}
return【3】;
}
void main()
{
int k = 0:
double sum;
system("CLS");
printf("\nPlease input N = ");
scanf(" % d",&k);
sum = proc(k);
printf("\nS = % If",sum);
}
```

三、程序改错题(共 24 分)

下列给定程序中,函数 proc() 的功能是根据整型形参 n,计算如下公式的值:

$$Y=1-1/(22)+1/(33)-1/(44)+\cdots+(-1)(n+1)/(nn)$$

例如,n 中的值为 l0,则应输出 0.817962。

请修改程序中的错误,使它能得到正确结果。

注意:不要改动 main() 函数,不得增行或删行,也不得更改程序的结构。

试题程序:

```
# include
# include
# include
double proc(int n)
{
double y = 1.0;
f| * * * * found * * * *
int J = 1; .
int i;
for(i = 2;i <= n;i++)
{
j = - l * j;              // **** found ****
y += 1/(i * i);
}
return(y);
}
void main()
{
int n = 10:
system("CLS"):
printf("\nThe result is % lf\n",proc(n));
}
```

四、程序设计题(共 18 分)

编写一个函数,从传入的 M 个字符中找出最长的一个字符串,并通过形参指针 max 传回该串地址(用 **** 作为结束输入的标志)。

注意:部分源程序给出如下。

请勿改动 main()函数和其他函数中的任何内容,仅在函数 proc()的花括号中填入所编写的若干语句。

试题程序:

```
# include
# include
# include
char * proc(char( * a)[81],int num)
{
}
void main()
{
char ss[l0][81], * max;
int n,i = 0;
printf("输入若干个字符串: ");
gets(ss[i]);
puts(ss[i]);
while(!strcmp(ss[i]," * * * * ") = = 0)
{
i++:
```

```
      gets(ssEi]);
      puts(ss[i]);
      }
    n = i:
    max = proe(SS,n);
    printf("\nmax = % s\n",max);
    }
```

全国计算机等级考试
二级 C 模拟题参考答案

一、选择题

1. D　2. D　3. D　4. C　5. D　6. C　7. D　8. B　9. A　10. C　11. C　12. A
13. D　14. C　15. C　16. D　17. A　18. D　19. A　20. C　21. A　22. A　23. A
24. C　25. D　26. B　27. C　28. C　29. A　30. C　31. D　32. B　33. C　34. B
35. C　36. B　37. D　38. A　39. A　40. B

二、基本操作题

【1】k＝2【2】s＋＝(2＊k－1)/sl【3】s

三、程序改错题

(1) 错误：int j＝1；正确：double j＝1.0；

(2) 错误：y＋＝1/(i＊i)；正确：y＋＝j/(i＊i)；

四、程序设计题

```
char * proc(char( * a)[81], int M)
{ char * max;
int i = 0:
max = a[0]:
for(i = 0;i if(strlen(max) max = a[i];))
return max;        //返回最长字符串的地址
}
```

图书资源支持

感谢您一直以来对清华版图书的支持和爱护。为了配合本书的使用，本书提供配套的资源，有需求的读者请扫描下方的"书圈"微信公众号二维码，在图书专区下载，也可以拨打电话或发送电子邮件咨询。

如果您在使用本书的过程中遇到了什么问题，或者有相关图书出版计划，也请您发邮件告诉我们，以便我们更好地为您服务。

我们的联系方式：

地　　址：北京海淀区双清路学研大厦 A 座 707

邮　　编：100084

电　　话：010－62770175－4604

资源下载：http://www.tup.com.cn

电子邮件：weijj@tup.tsinghua.edu.cn

QQ：883604（请写明您的单位和姓名）

用微信扫一扫右边的二维码，即可关注清华大学出版社公众号"书圈"。

资源下载、样书申请

书圈